新能源技术发展及其应用探索

何炜 何婷 常勇 著

吉林科学技术出版社

图书在版编目（CIP）数据

新能源技术发展及其应用探索 / 何炜，何婷，常勇
著 . -- 长春：吉林科学技术出版社，2023.6
ISBN 978-7-5744-0687-2

Ⅰ．①新… Ⅱ．①何… ②何… ③常… Ⅲ．①新能源
—技术 Ⅳ．① TK01

中国国家版本馆 CIP 数据核字（2023）第 136492 号

新能源技术发展及其应用探索

著	何 炜 何 婷 常 勇	
出 版 人	宛 霞	
责任编辑	孔彩虹	
封面设计	树人教育	
制 版	树人教育	
幅面尺寸	185mm×260mm	
开 本	16	
字 数	250 千字	
印 张	11.5	
印 数	1–1500 册	
版 次	2023年6月第1版	
印 次	2024年2月第1次印刷	

出 版	吉林科学技术出版社
发 行	吉林科学技术出版社
地 址	长春市福祉大路5788号
邮 编	130118
发行部电话/传真	0431-81629529 81629530 81629531
	81629532 81629533 81629534
储运部电话	0431-86059116
编辑部电话	0431-81629518
印 刷	三河市嵩川印刷有限公司

书 号	ISBN 978-7-5744-0687-2
定 价	70.00元

前　言

　　进入 21 世纪以来，科学技术进入了有史以来发展最快的历史时期，科学理论无论在深度和广度上均得到迅猛的发展。信息技术、新材料技术、新能源技术、航天技术、海洋开发技术等都在时刻改变着世界的面貌，推动着社会的进步。

　　本书首先讲述了新能源的特点及其类别、低碳经济下新能源发展的战略选择，其次对中国新能源技术创新以及产业发展对策展开了研究，最后介绍了新能源技术的应用。本书在内容选取上既兼顾到知识的系统性，又考虑到可接受性，同时强调新能源技术的应用性。本书涉及面广，技术新，实用性强，可供相关领域的新能源技术人员学习、参考。

　　本书在编写的过程中借鉴了一些专家学者的研究成果和资料，在此特向他们表示感谢。由于编写时间仓促，编写水平有限，不足之处在所难免，恳请专家和广大读者提出宝贵意见，予以批评指正，以便改进。

目　录

第一章　新能源的特点及其类别

第一节　新能源的概念

新能源（New Energy，NE；renewable and sustainable development）是相对煤炭、石油、天然气等传统能源而言的，又称非常规能源，即传统能源之外的各种能源形式，一般是指刚开始开发利用或正在积极研究、有待推广的能源。1980年，联合国召开的"联合国新能源和可再生能源会议"对新能源的定义为：以新技术和新材料为基础，使传统的可再生能源得到现代化的开发和利用，用取之不尽、周而复始的可再生能源取代资源有限、对环境有污染的化石能源，重点开发太阳能、风能、生物质能、潮汐能、地热能、氢能和核能（原子能）。

新能源是指在新技术基础上加以开发利用的可再生能源。伴随日益突出的环境问题和常规能源的有限性，以环保和可再生为特质的新能源越来越得到人们的重视。随着科技的进步和可持续发展观念的树立，过去被视为垃圾的工业生产、人们生活产生的有机废弃物作为一种能源资源而被深入研究和开发利用。也就是说，废弃物的资源化利用也是新能源技术的一种形式。

在我国，具有产业规模的新能源主要有太阳能、生物质能、风能、水能（主要指小型水电站）、地热能等，它们都是可循环利用的清洁能源。新能源产业既是整个能源供应系统的有效补充，也是环境治理和生态保护的重要措施，从这个意义上来看，新能源是满足人类社会可持续发展的最终能源选择。

一、新能源的类别及概况

从新能源的分类来看，有多种角度和不同类别。

（一）按形成和来源分类

1. 来自太阳辐射的能量，如太阳能、水能、风能、生物质能等。
2. 来自地球内部的能量，如核能、地热能。
3. 天体引力能，如潮汐能。

1

（二）按开发利用状况分类

1. 常规新能源，如水能、核能。

2. 新能源，如生物质能、地热、海洋能、太阳能、风能等。

（三）按属性分类

1. 可再生能源，如太阳能、地热、水能、风能、生物质能、海洋能等。

2. 非可再生能源，如煤、原油、天然气、油页岩、核能等。

（四）按转换传递过程分类

1. 一次能源，是指直接来自自然界的能源，如水能、风能、核能、海洋能、生物质能等。

2. 二次能源，如沼气、蒸汽、火电、水电、核电、太阳能发电、潮汐发电、波浪发电等。

二、新能源的特点

太阳能、生物质能、风能、地热能、水能和海洋能以及衍生出来的生物燃料和核能在内的各种新能源，都直接或间接来自太阳或地球内部所产生的能量，相对于传统能源，新能源具有以下特点：

1. 资源丰富，具备可再生性，可供人类永续利用。例如，截至 2017 年年底，全球可再生能源装机容量累计达到 2 179 GW。其中水电占据最大份额，投产装机容量 1 152 GW。离网可再生能源使用的人数达到 1.46 亿。

2. 能量密度低，开发利用需要较大空间。

3. 不含碳或含碳量很少，对环境影响小。

4. 分布广，有利于小规模分散利用。

5. 间断式供应，波动性大，对持续供能不利。

6. 除水电外，可再生能源的开发利用成本较化石能源高。

第二节　太阳能

一、太阳能的概念

太阳能（Solar Energy）是指太阳的辐射能，主要是指太阳光线，它是太阳内部氢原子发生氢氦聚变释放电磁辐射而产生的巨大能量。地球上自生命诞生以来，各种生命就主要依靠太阳提供的热辐射能生存。古时人类就已掌握用阳光晒干物件、制作食物的方法，如制盐和晒咸鱼等。在化石能源形势日益严峻的今天，太阳能成为人类能源的重要组成部分，并在持续不断地发展。

实际上，人类所需的绝大部分能量都直接或间接地来自太阳。植物通过光合作用吸收二氧化碳、释放氧气。把太阳能转变成化学能在植物体内储存下来的过程就是利用了太阳辐射出来的电磁能量——光能。太阳能发电是一种新兴的太阳能利用形式，一般有两大类型，即太阳光发电和太阳能热发电。太阳光发电是将太阳能直接转变成电能的一种发电方式。它包括光伏发电、光化学发电、光感应发电和光生物发电4种形式，在光化学发电中有电化学光伏电池、光电解电池和光催化电池。太阳能热发电是先将太阳能转化为热能，再将热能转化成电能。它有两种转化形式：一种是利用物理原理将太阳热能直接转化成电能，如半导体或金属材料的温差发电、真空器件中的热电子和热电离子发电、碱金属热电转换及磁流体发电等；另一种是将太阳热能通过热机（如汽轮机）带动发电机发电，与常规热力发电类似，只是其热能不是来自燃料，而是来自太阳辐射产生的热量。

太阳能发电具有明显的优点，例如，无枯竭危险，安全可靠，无噪声，无污染排放，绝对干净；不受资源分布地域的限制，可利用建筑屋面；无须消耗燃料和架设输电线路即可就地发电供电；能源质量高；建设周期短，获取能源花费的时间短。但太阳能发电也有其缺点，例如，阳光照射的能量密度小，发电要占用巨大的面积；获得的能源多少和四季、昼夜及阴晴等气象条件有关。从太阳能光伏发电的起源及发展的历史中可以发现，太阳能发电不是严格意义上的环保，生产太阳能板就是一种有高污染风险的产业，如果管理不善会造成严重的污染。此外，太阳能发电太过于依赖天气因素，使得太阳能发电难以并网。

二、太阳能的主要利用形式及原理

太阳能的利用有光热转换、光电转换、光生物转换和光化学转换4大类。其中，光热转换方式成本最低、技术最好、应用最广；光化学转换应用当前处于初级阶段，大规模应用较少。

光热转换是把太阳辐射能用集热器收集起来转换成能为人类服务的热能。光热转换可分为低温利用（太阳能热水器）、中温利用和高温利用3种形式。在光热转换利用中，太阳能热水器的技术和经济性最好，它由集热器、保温水箱、支架、连接管道等部件组成，把太阳辐射的能量转化为供人们使用的热能。

光电转换是将太阳能转换为电能，包括太阳能光热发电和太阳能光伏发电。光电转换主要有两种利用方式：一是"光能—热能—电能"的转换方式，即利用集热器来收集太阳辐射能量，把收集的热量变成热流体传输至蒸汽机中带动大型电伏组机器产生可利用的直流电或交流电。二是"光能—电能"的转换方式，它的原理是在太阳光的照射下，把太阳能电池组产生的电能给蓄电组充电或者直接给用电机器提供电能，这种发电方式也称为光伏发电。光伏发电装置主要由太阳能电池板、控制器、逆变器 3 大部件组成，其中太阳能电池板是核心，由它实现光到电的转变。

光生物转换是自然界最大规模的太阳能转换利用过程，主要是指绿色植物或某些细菌通过一系列复杂光合反应来实现光能转变成储存在生物体内的化学能，如巨型海藻、速生植物、油料作物等。

光化学转换是指将光辐射能转变为化学能的过程。例如，光分解水制备氢，因氢反应后生成水，对环境无任何影响，故光分解水制氢是光化学转换中最理想的过程。光化学转换有 3 种途径可以实现，即光电化学池、光助络合催化和半导体催化。

从主动和被动利用太阳能来划分，太阳能的利用方式可分为主动式太阳能利用和被动式太阳能利用两种。

主动式太阳能利用主要有太阳能热泵系统（见图 1.1）、太阳能制冷技术和建筑光电一体式系统（BIPV）等。将太阳能作为蒸发器热源的热泵系统称为太阳能热泵系统。太阳能热泵技术是一种新型节能型空调制冷供热技术，利用少量高品位电能作为驱动能源，从低温热源吸取低品位热能，并将其传输给高温热源，以达到泵热的目的，从而将能质系数低的能源转化为能质系数高的能源，以此节约高品位能源，提高能量品位。太阳能热泵主要用在冬季太阳能热泵——地板辐射供暖系统和非采暖季太阳能热泵供热水系统。

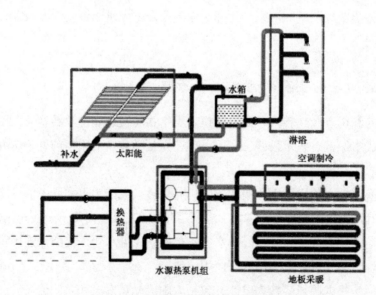

图 1.1　太阳能热泵热水系统原理

　　被动式太阳能是指不依赖风扇、泵和复杂的控制系统对太阳能进行收集、储藏和再分配的系统。该方式的功能是建立在对建筑设计的综合研究之上，建筑物的窗、墙、楼板等都尽可能地负担着各种不同的功能。例如，墙不仅起支撑屋顶和围护的作用，还拥有热能的储存和释放功能。每个被动式太阳能采暖系统至少有两个构成要素：玻璃采集器和由保温材料组成的能量储存构件。根据两要素之间的关系，被动式太阳能系统主要由直接获取系统、图洛姆（Trombe）保温墙、太阳室、屋顶水池、现代园艺温室等部分构成。

　　在太阳能制冷技术中，太阳能制冷空调是一个非常有发展前景的技术。太阳能制冷具有节能、环保的优点，能够实现热量的供给和冷量的需求在季节和数量上的高度匹配。太阳能制冷技术还可以设计成多能源系统，充分利用余热、废气、天然气等能源。

　　在欧美发达国家中，一些公用事业公司通过大型中心光电场增加它们的电能，而另一些电力公司则通过建立靠近用户的小型光电场来达到增加电能的目的。有些光电阵列集电板布置在毗邻建筑的地方，有些布置在屋顶上，或者干脆整合到建筑的围护结构中。在此背景下，建筑光电一体式系统（BIPV）应运而生。BIPV 可以替代建筑的屋顶、外壁板、幕墙、玻璃窗或者雨篷等功能元件。BIPV 能减少电量输送过程的费用和能耗，还能避免放置光电阵板占用额外空间，省去建筑围护结构的部分费用，与建筑结构合二为一。

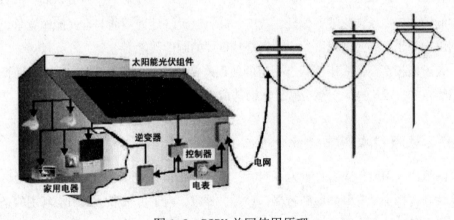

图 1.2　BIPV 并网使用原理

三、太阳能的基本特点

（一）太阳能的优点

1.分布广泛。阳光普照，没有地域限制，陆地海洋、高山岛屿均可开发和利用，便于采集，且无须开采和运输。

2.清洁环保。太阳能是最清洁的能源之一，开发利用太阳能不会污染环境。在环境污染日益严重的今天，能源的清洁、无污染极其重要。

3. 资源充足。每年到达地球表面上的太阳辐射能约相当于 130 万亿 t 标准煤，比现在世界上可开发的能源总量还多。

4. 无枯竭危险。根据太阳释放能量速率估算，太阳中氢的储量足够维持上百亿年，而地球的寿命为几十亿年，可以说太阳能是用之不竭的。

（二）太阳能的缺点

1. 分散性。虽然到达地球表面太阳辐射的总量很大，但是其能流密度低。一般来说，北回归线附近，天气晴朗的夏季，正午时太阳的辐照度最大，在垂直于太阳光方向每平方米面积上接收到的太阳能平均有 1 000 W 左右，但全年日夜平均只有 200 W 左右，冬季和阴雨天更低。为解决低能流密度问题，在利用太阳能时，一般需要大面积地收集和转换设备，但造价较高。

2. 不稳定性。昼夜、季节、地理纬度和海拔高度等自然条件的限制和晴、阴、云、雨等随机因素的影响，到达某一地面的太阳辐照度是间断的、极不稳定的，这使得太阳能的大规模应用困难重重。为了使太阳能成为连续、稳定的能源，并成为能够与常规能源竞争的替代能源，必须要很好地解决蓄能问题，可行的方案是把晴朗白天的太阳辐射能储存起来，供夜间或阴雨天使用。但目前，蓄能是太阳能利用中较为薄弱的环节。

3. 效率低、成本高。太阳能利用在理论上是可行的，技术上也是成熟的，但目前利用太阳能的装置能量转化效率偏低，成本较高，其经济性尚不能与常规能源竞争。在太阳能利用进一步发展的进程中，成本仍是其重要的制约因素。

4. 太阳能板污染。太阳能板有一定的使用寿命，3 ~ 5 年就需更换一次，而换下来的太阳能板非常难于被大自然分解，从而造成相当大的污染。

四、我国的太阳能资源分布

我国境内太阳能年辐射总量为 3 340 ~ 8 400 MJ/m^2。全国约有 2/3 以上的地区太阳能资源较好，特别是青藏高原和新疆、青海、甘肃、内蒙古一带，太阳能利用的条件非常好。根据各地接受太阳总辐射量的多少，将全国划分为四类地区。其中，一、二、三类地区，年日照大于 2 200 h，太阳年辐射总量大于 5 016 MJ/m^2，而四类地区如四川盆地及其周围地区则日照较少。

一类地区为太阳能资源最丰富的地区，日辐射量大于 5.1 kW·h/m^2。这些地区包括宁夏北部、甘肃北部、新疆东部、青海西部和西藏西部等地。其中，西藏西部最为丰富，最高日辐射量达 6.4 kW·h/m^2，居世界第二位（第一位是撒哈拉沙漠）。

二类地区为太阳能资源较丰富的地区，日辐射量为 4.1 ~ 5.1 kW·h/m^2。这些地区包括河北西北部、山西北部、内蒙古南部、宁夏南部、甘肃中部、青海东部、西藏东南部和新疆南部等地。

三类地区为太阳能资源中等类型地区，日辐射量为 3.3 ~ 4.1 kW·h/m²。这些地区主要包括山东、河南、河北东南部、山西南部、吉林、辽宁、云南、陕西北部、甘肃东南部、苏北、皖北、广东南部、福建南部、台湾西南部等地区。

第四类地区是太阳能资源较差地区，日辐射量小于 3.1 kWh/m²，这些地区包括湖南、湖北、广西、浙江、福建北部、广东北部、陕西南部、江苏北部、安徽南部以及黑龙江、台湾东北部等地。四川、贵州两省是中国太阳能资源最少的地区，日辐射量只有 2.5 ~ 3.2 kW·h/m²，四川盆地最少。

五、太阳能发电发展历程

（一）在实验中诞生并缓慢发展

可以将阳光转换成电流的太阳能电池出现于一百多年前，但早期的太阳能电池效率太低，并无多大用处。直到 1954 年 4 月，美国贝尔实验室的研究人员演示了第一个实用的硅太阳能电池，这是世界上第一块实用的单晶硅太阳能电池，效率仅 6%。同年，威克尔首次发现了砷化镓有光伏效应，并在玻璃上沉积硫化镉薄膜，制成了太阳能电池。1973 年，美国制订了政府级的阳光发电计划，研究经费大幅增长，成立了太阳能开发银行，促进了太阳能产品的商业化。日本于 1974 年发布了政府"阳光计划"。20 世纪 80 年代，石油价格大幅回落，太阳能产品缺乏竞争力，太阳能技术也没有重大突破，动摇了一些人对太阳能利用的信心，许多国家大幅削减了太阳能研究经费。

20 世纪 90 年代，矿物、化石能源引发了全球性的环境污染和生态破坏，对人类的生存环境和发展构成了威胁。1992 年，联合国在巴西召开"世界环境和发展大会"，会议通过了《里约热内卢环境与发展宣言》《21 世纪议程》《联合国气候变化框架条约》等一系列重要文件，把环境与发展纳入统一的框架中，确立了可持续发展的模式。此后，世界各国加强了清洁能源技术的开发。1995 年，高效聚光砷化镓太阳电池效率达 32%。1997 年，美国提出"克林顿总统百万太阳能屋顶计划"；1997 年，日本提出"新阳光计划"；1998 年，澳大利亚新南威尔士大学创造了单晶硅太阳能电池效率 25% 的世界纪录；荷兰政府也提出"荷兰百万个太阳光伏屋顶计划"，计划到 2020 年完成。

（二）光伏快速发展期

21 世纪初的 10 多年里，国际原油价格上涨，从 2000 年的不足 30 美元/桶，攀涨到 2008 年 7 月接近 150 美元/桶。油价的上涨促使许多发达国家加强了对新能源开发的支持力度，如欧洲、美国的太阳能光伏装机容量迅猛地增长，需求成倍扩大。依靠国内相对廉价的太阳能电池生产成本，中国太阳能光伏企业在欧盟巨大的市场需求面前呈现出爆发式增长势头。在巅峰时期，中国 70% 以上的太阳能组件都出口欧洲市场。

2007年，中国成为世界第一大光伏电池生产国，光伏电池产值增长率连续5年超过100%，占世界产能的60%。但中国还不是太阳能利用大国，产品主要出口，长期以来"生产在国内，应用在国外"。2012年，全球十大光伏组件企业中，中国就占6个。无锡尚德、保定英利、天合光能、江西赛维、阿斯特等都是这类企业。

（三）光伏市场危机

从2010年到2011年年初，全球光伏市场最初是供不应求，光伏电池价格一路飙升，国内各大生产制造商增加投资扩大生产规模。"五粮液"这样的酿酒龙头也新上了太阳能光伏玻璃项目。太阳能产业链生意火爆，带动了上下游产业中如装备、原料、运输、安装业的发展。2011年下半年，市场开始变化，组件价格下跌。受影响最大的是中国企业，国内数十家光伏生产企业关闭，数百家企业停产、半停产，数家在美国上市的著名企业股价从每股二三十美元跌到三四美元，光伏企业集体陷入价格战，大企业出现巨额亏损。

（四）导致光伏危机的原因

1. 世界光伏市场供求关系严重失衡。由于行业利润刺激，2011年上半年，全球光伏组件的产能增加了54%，而需求仅增加了19%。中国当年生产的光伏组件产能为30 GW，加上其他国家的产能20 GW，全球共生产50 GW，而2011年世界光伏电站的安装需求量却是20 GW左右，光伏产能严重过剩，仅中国的产能就超过世界总需求的50%。

2. 2011年中期，中国光伏产品的出口开始严重受阻。中国光伏产品市场的85%以上是对国外出口，世界需求的70%在欧洲市场。但是，由于全球金融危机和欧债危机的冲击，安装大国德国、意大利对光伏电站的补贴幅度一路下调，导致这些国家的光伏装机需求大大减少，许多公司不再订货或取消订单。

3. 世界光伏市场竞争环境发生重大变化，美国、德国的几家大型光伏生产企业倒闭，如德国知名太阳能企业Solon、Solar Millennium、Sovello和Q-Cell陆续申请破产。此外，由Solarworld公司牵头，欧洲太阳能光伏企业组成联盟EU ProSun，对中国入欧太阳能光伏产品进行"双反（反倾销和反补贴）"调查。在2012年上半年，美国对中国反倾销公布初裁结果；欧洲制造商也向欧盟提出反倾销申请。对中国"双反"裁决，并没有使欧美的光伏产业获救。全世界所有太阳能公司都亏损，中国也有一些光伏龙头企业倒闭。

（五）光伏行业回暖复苏

2013年，全球光伏行业逐渐迈出低谷，出现了恢复性增长。同年，全球多晶硅、组件价格分别上涨47%和8.7%。欧盟对我国光伏"双反"案达成初步解决方案，国内企业经营状况不断趋好，截至2013年年底，在产多晶硅企业由年初的7家增至15家，多数电池骨干企业扭亏为盈，主要企业第四季度毛利率超过 15%，部分企业全年净利润转正。

产能产品方面，2013 年全球电池片生产规模保持增长势头，产能超过 63 GW（不含薄膜电池），产量达到 40.3 GW。与 2012 年产量相比，增长 7.5%，多晶硅电池和单晶硅电池的比例约为 3：1。太阳能电池呈逐年增长发展态势，但发展趋于平缓。从发展区域看，中国（不包含港澳台地区）以 25.1 GW 的产量位居全球第一，约占全球总产量的 63%。

依照 2013 年光伏电池组件企业的产量排名，全球十大电池组件企业及其情况见表1.1。

表 1.1　全球十大电池组件企业及其情况

排名	公司名称	产能 /MW	产量 /MW	所属国家	上市情况
1	英利	2800	3100	中国	美国纽交所
2	天合光能	2450	2471	中国	美国纽交所
3	阿特斯	2600	1800	中国	美国纳斯达克
4	晶科能源	2000	1700	中国	美国纽交所
5	First Solar	2560	1628	美国	美国纳斯达克
6	韩华	1620	1300	韩国	美国纳斯达克
7	晶澳	1800	1218	中国	美国纳斯达克
8	SunPower	1270	1134	美国	美国纳斯达克
9	京瓷	1200	1100	日本	
10	Sloar Frontier	980	920	日本	

装机容量方面，欧洲光伏产业协会（EPIA）的数据显示，2013 年全球光伏发电系统新增装机容量超过 37 GW，截至 2013 年年底，全球累计装机容量为 136.7 GW。在光伏产品出口受阻的情况下，中国加大了国内对光伏产品的消纳。中国在 2013 年新增光伏装机容量约 10 GW，居全球第一。第二是日本，为 6.9GW。美国第三，为 4.8 GW。2013 年欧洲新增装机容量大幅减少，德国为 3.3 GW，较 2012 年的 7.6 GW 减少约 57%，意大利为 1.1 ~ 1.4 GW，较 2012 年减少约 70%。欧洲在全球新增装机量的占比也大幅降至 28%，占比近 5 年来首次低于 50%。到 2013 年年底，中国累计光伏装机达到 16.5 GW（其中，分布式光伏项目为 5.7 GW，地面光伏电站约为 10.8 GW）。光伏主战场已由原来的欧洲转向亚洲环太平洋地区。环太平洋光伏市场主要包括中国、美国、日本、印度、澳大利亚、韩国等。2013 年环太平洋地区光伏装机容量已经突破 27 GW，比 2012 年的 11 GW 翻番增长。

全球主要光伏公司介绍如下：

保定英利公司：英利绿色能源控股有限公司是全球最大的垂直一体化光伏发电产品制造商之一。总部位于中国保定，在全球设有 10 多个分支机构及办事处，业务涵盖全球 40 多个国家。英利集团成立于 1987 年，曾在 1999 年承担了国家的"年产 3 MW 多晶硅太阳能电池及应用系统示范项目"，填补了国家不能商业化生产多晶硅太阳能电池的空白。2007 年 6 月，公司在美国纽约证券交易所上市。2012 年，英利集团光伏组件出货量位列全球第一。截至 2013 年 10 月，英利共提交国内专利申请 1 176 项，授权专利共 777 项，其在国内的专利申请数量和授权数量超越国内其他同行企业，居行业第一。

2013 年 1 月末，英利以世界第一家光伏、中国首家企业的身份，加入了世界自然基金会的"碳减排先锋"项目，这也为英利争取海外市场赢得了一张环保牌。特别是 2014 年，曾作为巴西世界杯唯一的中国赞助商，为巴西世界杯多个赛场提供了超过 5 000 块光伏组件和 30 套离网系统，为比赛城市的照明信息塔提供了 27 套光伏系统，并在包括圣保罗在内的 6 个体育场内的媒体中心和国际媒体大本营设置了 8 ~ 15 个太阳能充电站，为媒体工作人员的手机、计算机、相机等电子设备充电。

晶科能源控股有限公司：成立于 2006 年，是全球为数不多的拥有垂直一体化产业链的光伏制造商，制造优质的硅锭、硅片、电池片以及单晶多晶光伏组件。生产基地位于江西上饶和浙江海宁。晶科引进了国际先进的技术和设备，包括美国 GT Sloar 多晶炉、日本 NTC 线切机、涂装设备 Roth & Rau、机器人解决方案生产设备 Jonas & Redman、意大利 Baccini 电池片生产线、伯格测试技术以及日本 NPC 技术全自动生产线。晶科能源生产的单晶多晶组件获得了 UL，CSA，CEC，TUV，VDE，MCS，CE，ISO 9001：2008，1S014001：2004 等多项国际专业认证，工厂也通过了 Achilles 测试认证。

美国 First Solar 公司：是世界领先的太阳能光伏模块制造商，生产基地位于美国、马来西亚和德国等。公司于 1999 年在亚利桑那州的坦佩市成立，其前身为 Solar Cell 公司（SCI）。自 2002 年起，First Solar 开始涉足光伏模块业务。First Solar 也是全球最重要的碲化镉（CdTe）薄膜光伏模块制造商。与传统的晶硅技术相比，使用碲化镉专利技术的太阳能电池发电量更大，生产成本更低廉。

日本 Solar Frontier：是昭和壳牌石油旗下全球最大的 CIS 薄膜太阳能电池生产子公司。Solar Frontier 于 2013 年 6 月 18 宣布该公司生产的 CIS 类太阳能电池模块的转换效率达到了 14.6%，最大输出功率达到 179.8 W，其转换效率达到了与多晶硅型太阳能电池模块基本相同的水平。2013 年 12 月，Solar Frontier 宣布其制造出效率为 12.6% 的 CZTS 电池，打破了同类太阳能电池世界纪录。

薄膜电池方面，全球薄膜电池产量主要集中在以 CdTe 电池为代表的 First Solar，以 CIGS 电池为代表的 Solar Frontier，以及以硅基薄膜为代表的汉能控股公司。2013 年，3 家公司产量占全球薄膜电池产量的 69.2%。从产品类型看，硅基薄膜电池 500 MW，CIGS 约 1 500 MW，CdTe 约 1 660 MW。从区域分布看，中国（不包含港澳台地区）薄膜电池产量约 260 MW，日本薄膜电池出货量为 1 011.7 MW。

（六）2014年迎来新的发展期

2014年上半年，我国光伏制造业总产值超过1 500亿元，多晶硅产量达6.2万t，同比增长100%；硅片产量18 GW，同比增长20%；电池组件产量15.5 GW，同比增长34.8%。创新驱动效应明显，价格上涨的同时，技术水平也在不断提升。我国目前已掌握晶硅电池全套生产工艺及万吨级多晶硅生产技术，部分指标处于全球领先水平。光伏设备本土化率不断提高。多晶硅的投资、综合能效明显下降，从业人数大幅上升，副产物综合利用率显著提高；单晶硅、多晶硅基薄膜电池转换效率明显提高，光伏发电系统投资降至9元/W。

2014年，美国商务部对中国的光伏产品进行第二次"双反"调查，裁定要对中国产太阳能电池板征收额外35.2%的进口关税。中国光伏企业联合做出应对措施，同时加强和解谈判。工业和信息化部制定了《光伏制造行业规范条件》，2014年符合条件的企业数量为161家。国家能源局发布《国家能源局关于明确电力业务许可管理有关事项的通知》（国能资质〔2014〕151号），明确了项目装机容量6 MW（不含）以下的新能源发电项目豁免电力业务许可。

从长远来看，光伏产业属于战略新兴产业、朝阳产业，总体技术和市场需求快速增长，成本逐年下降。国际能源署（IEA，International Energy Agency）、欧洲光伏产业协会（EPIA，European Photovoltaic Industry Association）对光伏发电的未来做出了预测：2020年全球光伏发电的发电量占总发电量的11%，2040年占总发电量的20%。

第三节　风能

一、风能的概念

风能（Wind Energy Resources）是指地球表面大量空气流动时所产生的动能。地面各处受太阳辐照后气温变化不同以及空气中水蒸气的含量不同，引起各地气压的差异，高压空气向低压区域流动，即形成风。

风能资源取决于风能密度和可利用风能年累积时间（h）。风能密度是指单位迎风面积可获得的风能功率，它的大小与风速的三次方和空气密度成正比。风能资源丰富，近乎无限且分布广泛，清洁环保。经长期测量、调查与统计得出的平均风能密度概况是风能利用的依据。风力发电主要是利用风力带动风车叶片旋转，并利用增速机将旋转速度提升，带动发电机发电。以目前的风车技术，时速为3 km/s的微风便可发电。

芬兰、丹麦等国家很重视风力发电，我国也在大力提倡。小型风力发电系统效率高，主要是由"风力发电机＋充电器＋数字逆变器"等组成。风力发电机由机头、转体、尾翼和叶片组成。其中，机头的转子是永磁体，叶片接受风力并通过机头把风能转化为电能，尾翼使叶片始终对着来风的方向从而获得最大的风能，转体使机头灵活转动方便调整尾翼方向。因风力不稳定，风力发电机输出的是 13 ~ 25 V 变化的交流电，须经充电器整流后对蓄电瓶充电，把风力发电的电能变成化学能，再借助含保护电路的逆变电源把化学能转变成 220 V 的交流电。

风能是一种洁净的能源，有其自身的优势。风能设施多为立体化设施，可保护陆地表面和生态环境。目前，全球的风能发电技术发展迅速，设施日趋先进，生产成本大幅降低，在某些地区，风力发电成本已低于传统发电方式。但风能发电也有局限。风力发电可能干扰风机建设地的生物，目前的解决方案是离岸发电，离岸发电价格较高但效率也高。有些地区风力有间歇性，导致风力发电不稳定，如台湾等地在电力需求较高的夏季，但此时却是风力较少的时间，要解决此问题就需要压缩空气等储能技术的发展。风力发电需要占用大量土地来兴建风力发电场。风力发电时，发电机还会发出巨大的噪声。另外，风力发电的发展还受着风速不稳定，产生的能量大小不稳定，受地理位置，转换效率低等因素的限制。现在的风力发电还未成熟，还有很大的发展空间。

二、我国的风能资源——世界"风库"在中国

我国是风力资源丰富的国家，风能储备在世界上排名第一。陆地上可用风能有 2.5 亿 kW，海上风能则有 7.5 亿 kW。据国家气象局估算，全国平均风能密度为 100 W/m^2，风能资源总储量约 1.6×10^5 MW，特别是东南沿海及附近岛屿、内蒙古和甘肃走廊、东北、西北、华北和青藏高原等部分地区，每年风速在 3 m/s 以上的时间近 4 000 h，一些地区年平均风速为 6 m/s 以上，具有很大的开发利用价值。有关专家根据全国有效风能密度、有效风力出现时间百分率，以及大于等于 3 m/s 和 6 m/s 风速的全年累积时间（h），将我国风能资源划分为以下 6 个区域：

（一）最大风能资源区

主要分布在东南沿海及其岛屿。这一地区有效风能密度等于 200 W/m^2 的等值线平行于海岸线，沿海岛屿的风能密度更是在 300 W/m^2 以上，有效风力出现时间百分率达 80% ~ 90%。东南沿海向内陆延伸是连绵的丘陵，导致向内陆风能锐减。在福建的台山、平潭和浙江的南麂、大陈、嵊泗等沿海岛屿上，风能很大。其中，台山风能密度为 534.4 W/m^2，有效风力出现时间百分率为 90%，是我国平地上有记录的风能资源最大的地方之一。

（二）次大风能资源区

分布于内蒙古和甘肃北部。在这一地区，终年在西风带控制之下，风能密度为 $200 \sim 300 \text{ W/m}^2$，有效风力出现时间百分率为 70% 左右，大于等于 3 m/s 的风速全年有 5 000 h 以上。其中，风能资源最大的区域是虎勒盖地区，这一地区的风能密度虽然比东南沿海小，但其分布范围较广，是我国连成一片的最大风能资源区。

（三）风能较大区

主要分布在黑龙江和吉林东部以及辽东半岛沿海等地区。这一地区风能密度在 200 W/m^2 以上，风速大于等于 3 m/s 和 6 m/s 全年累积时数分别为 5 000 ~ 7 000 h 和 3 000 h。

（四）风能较小区

主要分布于青藏高原、三北（西北、华北和东北）地区的北部和沿海。这个地区风能密度为 $150 \sim 200 \text{ W/m}^2$，风速大于等于 3 m/s 全年累积时数为 4 000 ~ 5 000 h，大于等于 6 m/s 全年累积时数为 3 000 h 以上。青藏高原海拔高，空气密度较小，风能密度相对较小。在 4 000 m 的高度，空气密度大致为地面的 67%，也就是说，同样是 8 m/s 的风速，在平地风能密度为 313.6 W/m^2，而在 4 000 m 的高度却只有 209.3 W/m^2。本属于风能最大地区的青藏高原，实际上这里的风能却远小于东南沿海。

（五）最小风能区

在云南、贵州、四川、甘肃、陕西南部、河南、湖南西部、福建、广东、广西的山区以及塔里木盆地，其有效风能密度在 50 W/m^2 以下，可利用的风力仅有 20% 左右，风速大于等于 3 m/s 全年累积时数在 2 000 h 以下，大于等于 6 m/s 全年累积时数在 150 h 以下。在这些地区中尤以四川盆地和西双版纳地区风能为最小。这一地区除了高山顶和峡谷等特殊地形外，风能潜力低，无利用价值。

（六）风能季节利用区

该区域是指我国在风能较小区和最小风能区以外的广大地区，有的地区在冬、春季可以利用风能，而有的地区则在夏、秋季可以利用风能。

三、风能是否成为新能源主角

风能有四大优点、三大缺点。优点为藏量巨大、可以再生、分布广泛、没有污染；缺点为密度低、不稳定、地区差异大。

风能发电成本较低，接近煤电（见图1.3），比太阳能便宜，且风电不需要水；与其他能源相比，风力发电对环境的影响最小，无须燃料，没有辐射和空气污染问题；工程建设周期短，从投产到运行仅需一年左右；资源丰富，且是永久性的本地资源，能长期稳定供应，运输成本低，占用土地面积小；人力资源要求简单，有的风力机可持续工作数十年，只需少量维护及监控。专家们认为，从技术成熟度及经济可行性来看，风能最具竞争力，风能将成为新能源的主角。

图1.3　我国不同能源的发电成本对比

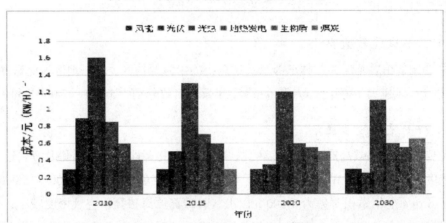

2008年8月，北京奥运会青岛帆船赛基地有41个路灯（见图1.4），它们是"环保奥运，绿色奥运"的节能照明装置，是利用风能及太阳能进行风光互补的户外照明系统。此系统中，风能和太阳能两者结合使其成本下降，风机成本为太阳能电池组件的1/5；两者又可分别构成独立电源，有阳光时用太阳能，有风时用风能；两者均无时，可用蓄电池运转。风光互补系统不需挖沟、埋电缆及安装变电站设备，不用市电，安装简便，维护费低，低压，无触电危险。此系统可用在公路照明和家庭用电，也可为工厂及大厦提供独立电源。欧美国家住宅屋顶安装风电互补发电系统，可完全解决生活用电，不用付电费，这已是美国许多家庭的能源消费方式。

图1.4　青岛帆船赛基地风能路灯

"天苍苍，野茫茫。风吹草低见牛羊。"提到内蒙古，人们首先会想起一望无际的大草原。近年来，内蒙古在开发新能源方面做出了极大的努力。1986 年，内蒙古利用扶植政策进行新能源开发，与荷兰、美国、意大利、西班牙等国签订有关风能及风光互补协议，开展"牧区通电"及"光明工程"。100 W 风电加 60 W 太阳能电池，日发电 0.6 kW·h，可解决 1 户牧民家庭照明及电视用电；300 W 风电加 200 W 太阳能电池，日发电 1.6 kW·h，可解决 1 户牧民家庭照明、电视及冰箱用电。风能及太阳能季节性互补，可满足全年均衡供电，既经济又可靠。此系统已解决 7 万牧民生活及部分工业用电，如今牧民不见烟火也能烧水做饭。

但风能也有缺陷。风电场对生态系统有影响，有报道称会影响候鸟迁徙。美国加利福尼亚州在 2005 年关闭了 4 000 台风机，因为每年都有数千只飞鸟（包括金雕等珍稀鸟类）被强大气流卷入风轮而惨死。还有人担心风力发电会影响海洋生态平衡。英国曾经大力发展海上风电，但在 2009 年 12 月英国有 41 头海豹横尸北诺福克海滩，身上遍布螺旋状创伤，明显是机器所为，疑似与 Sevia 公司在海上修建的风电厂有关。鲸鱼靠听觉在海洋中生存，而风机噪声会对它们听力造成干扰，使它们无法找到食物。此外，风电场还会影响渔民捕鱼及水鸟生存。风电场的选址必须考虑上述不利因素。

四、风能应用新发展

（一）寒风取暖——风能制热

农村有广阔的风能应用天地。冬季，西北风劲吹，冰冷的房间使人瑟瑟发抖，殊不知高空中的冷风也能够带来温暖，这就是风能制热，原理如图 1.5 所示。风吹向风力帆，风力帆的旋转带动转轴转动，经过齿轮箱，通过皮带，转轴传动到搅拌轴，使搅拌轴在水槽中转动，搅拌轴上装有许多叶片（它在转动，称为动片），在水槽内壁上也装有叶片（它是固定的，称为定片）。动片和定片相互交错排列，当搅拌轴转动时，液体在动片和定片之间流动，搅拌轴搅动的机械能全部传送到液体内，导致液体温度逐渐升高。这就使寒风带来了温暖。

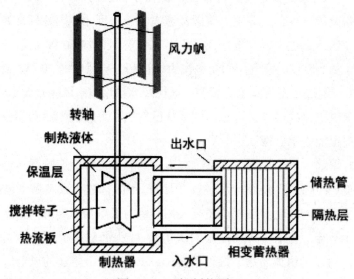

图 1.5　风能制热原理

风能制热在实际应用中还有以下 4 个方案：

1. 动片和定片之间装入磁化线圈，动片转动时切割磁力线，生成电流，加热冷水。

2. 风力发电机发出电能，使电阻丝发热。

3. 风力机带动一个空气压缩机，空气受压后温度升高而发出热能。

4. 风力机带动液压泵加压液体，液体从小孔喷出，使液体发热。

日本有一公司利用方案 3，使水温升高到 80℃，供应酒店浴池用水。

在我国，风力制热已进入实用阶段，尤其是在西北地区，那里天气严寒，给牲畜带来冻害，利用寒风可以供应热水或暖气，用于浴室、住房、花房、牲畜房防寒、防冻及取暖。黄河三角洲有丰富的风能资源，利用风力可以抽取地下水进行灌溉，并解决温室取暖问题。在水产养殖方面，养殖业中鱼苗过冬、新虾产卵、幼虾生长及提高产量都需要加温，尤其是在东北寒冷地区，对风力制热的要求更加迫切。

（二）装在墙壁上的风力发电机

家庭用风力发电机"风立方"（见图 1.6）可以安装在墙上，它采用可伸缩扇叶拼接成六边形，平铺在迎风的墙壁上。有风的时候，扇叶打开吸收风能，风能再转化成电能，存储在蓄电池中。每个风扇每个月可以产生 21.6 kW·h 的电力，一组风机由 15 个风扇拼接成，发电量可供一个四口之家使用。

图 1.6　家庭用风力发电机"风立方"

（三）风筝也可以发电——供给一个城市的电力

风筝是娱乐工具，但现今许多科学家千方百计想把它用于发电。过去人类想要从很远的高空中取得能量只能是幻想，如今在风筝的启发下，能够利用风能产生便宜的电力。欧洲的风筝发电开发者巴斯兰兹朵放飞一只 10 m² 大小的风筝，风速为 4 m/s，风电功率达 2 kW。一家意大利风筝风电公司 2007 年在米兰机场测试原型风筝系统，当风筝飞到 400 m 高空时获得了预期的数据。德国科学家计划制造家用小型风筝发电机，设计想法是把它安装在屋顶上，当风筝飞到 100 m 高度时，便收集风能，可以供给家庭所需的电力。俄罗斯物理学家波德歌茨把 50 个巨大风筝在空中从上到下排成串，每个风筝面积巨大，并可以调节高度使风力稳定，获得的电功率也很稳定。美国科学家提出高空风电场的设想：用 300 个发电风筝，在 200 km² 的空间，组成高空风电场，这足以满足芝加哥全城的电力需求。这些事例表明，风筝发电已从幻想逐渐走向现实（见图 1.7）。

图 1.7　风筝发电

（四）人造龙卷风发电

龙卷风的中心最大风速可达到 300 m/s，中心气压极低，为大气压的 1/5。如果一个门窗紧闭的房子外面，气压突然比标准大气压降低 8%，那么这座房子墙壁的每个面都要承受每平方米 780 000 N 的力，这座房子将立即被破坏。龙卷风的中心是一个低压区，有巨大的吸力，可以吸起一个重达百吨的大油罐，把它扔到 120 m 的远处，也可以把长为 75 m 的大铁桥从桥墩上吸起抛到水里。

有风就可以风力发电，但自然界的风能密度小、不稳定。人造龙卷风持续、稳定、功率大，为风力发电创造了条件。龙卷风风力巨大，可达 12 级以上，功率达 3 万 MW，这相当于 10 个巨型电站的功率。人们从工厂烟囱得到启发：烟囱可以把窑炉内的废气排向空中是因为废气比周围的空气温度高，其密度也就较小，在烟囱中产生的"抽力"使大量热空气从烟囱排向空中。人造龙卷风利用对流层内空气上升与下降的规律，沿陡峭山体搭建大口径"人造龙卷风产生管道"，内径 3 m 以上，垂直高度 900 ～ 1 000 m，为热空气上升创造条件。气流可以在管道内快速上升，类似于烟囱抽吸烟尘，在管道的内壁安上螺旋脊，迫使管内流动气体沿螺旋脊旋转，形成高速气旋。铺设管道的垂直高度越高，气流速度越快，气流动力也越大；管道内径越大，流量越大，其功率也越大。一处适宜山体可以铺设一条或数条龙卷风生成管道，从而构建中大型人造龙卷风发电站，以色列的风能塔就是利用上述原理制成的。人造龙卷风是一种强大、持久、稳定、取之不尽、用之不竭的绿色能源。

四川陈玉泽、陈玉德两兄弟，用白铁皮自制一个风筒，用电阻丝在底部加热，产生冷热空气对流，风筒里的风轮就开始旋转，风筒加高一部分，风轮转速就增加一倍，这个看起来似乎很小的发现，成为一项国家级发明专利——人造龙卷风发电系统，国家知识产权局向陈氏兄弟颁发了专利证书。美国退休的埃克森美孚工程师 Louis Michaud 设计制造了人造龙卷风发电的原型机，被称为"大气涡流发电机"。具体工作原理和形貌如图 1.8 所示。

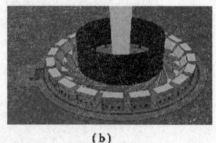

图 1.8　大气涡流发电机的工作原理

（五）从大烟囱冒烟启发出的发电方法——大烟囱造风发电

风力发电中最重要的因素是要有稳定的大风，风大则能量大，大烟囱造风发电系统能满足此要求。工厂烟囱冒出浓浓的黑烟，是由于烟囱有巨大的抽吸力，把炉内废气抽出来，烟囱内气流速度很快，这就是烟囱发电的原理。德国施莱奇教授在建造大建筑时发现烟囱效应：烟囱越高，直径越大，抽吸空气的能力越强。1982 年，德国和西班牙合作，在沙漠高原上建成世界上第一座太阳能热气流电站，它的原理是让阳光制造热风，推动风力发电机，得到纯净电力。此电站由烟囱、集热棚、蓄热层和风力发电机组成。集热棚直径 250 m，是圆形透光隔热的温室，棚的中央有个高 200 m 的太阳能塔。集热棚内部的地面蓄热层被太阳光照射后温度升高，棚内的空气温度达到 20 ℃ ~ 50 ℃，按照热升冷降的原理，烟囱内部会形成一股风，在风轮抽排的作用下，风速达 20 ~ 60 m/s，热风驱动设置在太阳能塔下部的风力发电机发电，大棚外的冷空气不断被吸入补充上升的气流。太阳能热气流电站发电容量没有限制，只要棚够大、塔够高，气流就可达到飓风速度（60 m/s），发电功率可达 1 000 MW。它不用水、不用煤，只用太阳光，20 多年来它平稳运行。这项技术的综合效益是如今风力发电的 200 倍，它的成功发电标志着一次绿色能源的革命。

2002 年，澳大利亚政府支持建造了一个高为 1 000 m 的大烟囱，基部有一个直径为

7 000 m 的大圆盘状集热温室,在太阳光照射下,热气流沿着大烟囱以 16 m/s 的速度上升,推动涡轮旋转而发电(见图 1.9)。晚上存储器中积聚的热能会继续推动涡轮发电,所产生的 200 MW 电能可供 20 万个家庭使用。我国新疆电力公司与华中理工大学也筹建了太阳能塔热气流发电站。澳大利亚能源公司 Environ Mission 在美国凤凰城以西的沙漠地区建了一座高为 800 m 的烟囱型太阳能热气流发电塔,巨塔内置 32 个风力涡轮发电机,其功率可满足 20 万个家庭用电。

图 1.9　太阳能热电流发电装置

(六)巴林世贸中心——中东的新型风塔

高处风大,现在世界各地高楼林立,利用高楼安装风机已有多例。众所周知,穿堂风是最凉快的,夏天人们走在两高楼之间,风吹使人感到凉飕飕的。用两楼之间的风道,把风力发电和摩天大楼相结合,建成了以风能供电独树一帜的双塔——巴林世贸中心。

中东地区的海风资源相当丰富,风塔成为巴林的最高建筑物(见图 1.10)。利用海湾地区的海风,以及建筑外呈风帆状且线条流畅的塔楼,使两座楼之间的海风对流,加快了风速。通过发电机,将风力涡轮产生的电力输送给大厦使用。该建筑成为世界上同类型建筑中利用风能作为电力来源的首创。建筑设计使风通过双子塔时会走一条 S 形线路,这样不仅在双子塔的垂直方向,而且在垂直方向的左右各 60°,总共 120° 的方向内的风都可以带动风机发电,总能量比单独风机的能量成倍地增加。此类建筑中,把风机和高层建筑结合起来有几个优点:维护费用下降,不需要偏航装置;免去塔筒、地基及道路费用;减免长距离电缆费用。据测算,巴林世贸中心风力涡轮发电机每年能够产生 1 100 ~ 1 300 MW·h 的电力,足够给 300 个家庭用户提供一年的照明用电,变相减少了因建筑物的电耗而对应的碳排放量。

图 1.10 巴林世贸中心的新型风塔

（七）迪拜的能源塔

阿联酋的迪拜有一座曾经为世界第一高楼的能源塔（见图 1.11），此塔 68 层，高 322 m。塔顶就是风能发电机，再加上太阳能电池和储备装置，此塔能源可以全部自给。

图 1.11 迪拜的能源塔

（八）风能驱动的汽车

利用风驱动，汽车能达到难以置信的速度。例如，"绿鸟"风力汽车（见图 1.12），由钢制的驱动翼产生向前的驱动力，使车速达到风速的 3 ~ 5 倍，创造了当风速为 48 km/h，车速为 202.9 km/h 的世界纪录。美国空气动力学家卡瓦拉罗制造的 DWFTTWX 型风力汽车，采用 5 m 高螺旋桨推进器，车速可达风速的 2.86 倍，即 62 km/h。

德国的宝马风力汽车采用类似帆船的设计，时速可达200 km，供荒漠地区娱乐用（见图1.13）。两个德国人 Stefan Simmerer 和 Dirk Gion 驾驶风动力汽车横跨澳大利亚，他们用了18天的时间，驾驶风动力汽车行驶了4 800 km。夜晚，他们使用一个可以折叠的6 m风力涡轮发电机给汽车充电，汽车装备了充电插头以备没有风力的时候还能给汽车充电。白天如果风力不够大，他们还使用一个风筝帮助牵引。

图1.12　"绿鸟"风力汽车

图1.13　宝马帆船风力汽车

（九）利用风力推动的船舶和快艇

风力推动船舶的原理是利用风力推动风力机的转轴，这种旋转运动最后可传递到船尾的推进器，它转动后就推动船舶前进，不管顺风或逆风，均可在风力间接作用下使船前进。

新西兰工程师贝茨在历经21年研究成功的"风力快艇"上装有3个叶片的风车，其转轴会带动快艇尾部的推进器，推动快艇前进，不论风向如何，快艇都可以利用风力前进。当风速为27.78 km/h，快艇的逆风船速可达13 km/h。

珠海琛龙船厂承造的"环保第一船"是个白色的游艇，目前它是世界上目前最先进的环保船之一。其动力系统技术先进，8节航速的高速完全是由风能、电能、太阳能等这些环保动力驱动。目前，公认的首艘实用化的风能辅助商船是日本的"新爱德丸号"（见图1.14）。"新爱德丸号"是世界上第一艘现代风帆动力游船，采用"机主帆从"

的设计思想将古代风帆推进原理与现代流体力学技术相结合。"新爱德丸号"安装了两面流线型风帆，采用计算机技术根据航向与风向的关系自动调整风帆角度。经过营运实践证明，这种柴油风帆联合动力船在沿海地区采用风力推进可节约至少20%的燃油。后来先后出现了英国的"爱国者号"、俄罗斯的"斯拓夫号"、日本的"扇蓉丸号"、美国的"小花边号"等风帆助航船。此外，法国、荷兰、芬兰、澳大利亚、印度等国均在积极研制风力船，载重从几千吨到几万吨。

图1.14 日本的"新爱德丸号"

圆筒帆"E-Ship1"号（见图1.15）的主要工作原理是马格努斯效应，足球中的弧线球就是这种效应的体现。在球体旋转时，球体带动周围的空气一起运动，和球体旋转方向一致的一侧气流速度会加快，而和球体旋转方向不一致的一侧气流速度会减慢。不同流速的气体会产生压差，对球体产生一个横向的作用力。这个原理具体到船上就是在船遇到横风的时候，圆筒旋转产生一个垂直于风向的作用力，推动船舶前进。但风向很难完全和船舶前进方向垂直，需要一个螺旋桨来提供相应的力形成前进方向的合力而推动船舶前进。

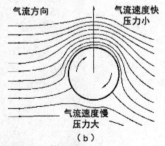

（a） （b）

图1.15 圆筒帆"E-Ship1"号的外观和工作原理

（十）风光互补绿色照明

风光互补发电系统由风力发电机和光伏电池组件构成，通过逆变器将风机输出的低压交流电整流成为直流电，并和光伏电池输出的直流电汇集，充入蓄电池，实现稳压、蓄电和逆变，从而为用户提供稳定的交流电源，且可靠性高。风电和光电系统在蓄电池组和逆变器上是可以通用的，其造价、建造及维护成本比单独的风电或光电系统低。在路灯、广告灯、监控系统、农业灌溉、海水淡化、部队军营、微波通信、科普教育等多领域内，风光互补作为独立供电系统的应用范围比单独的风能或太阳能发电高10多倍，而成本仅为原来的1/3。我国许多地方开展了此项技术的应用，如青岛奥运风帆基地、南京市首届旅博会绿色住宅、上海崇民岛路灯示范基地、浙江慈溪路灯节能示范工程、北京农村道路照明、广州市路灯照明等。我国风光互补发电系统的技术在国际上处于领先地位，许多企业研制的发电系统已出口到世界各国，如东南亚（越南、马来西亚）、欧盟（波兰、英国、法国、土耳其）、北美（加拿大）、大洋洲（澳大利亚）等国际市场。

风能和太阳能互补的绿色照明系统（见图1.16）可对船舶及海港提供照明能源。路灯照明是城市中消耗能源的公共基础设施，是耗电大户。风光互补新能源照明技术将光电和小型风力发电机组合，将太阳能及风能转换成电能，具有保护环境、节约资源的功能，符合循环经济的要求，也能对人们进行新能源利用和生态环保意识进行直观教育。风光互补路灯不需要输电线路，一次投入建设后就可以利用取之不尽、用之不竭的风能及太阳能提供稳定可靠的电能。这种路灯有着传统路灯不可比拟的社会效益和经济效益。此外，这种互补能源系统弥补了风电和光电独立系统的缺点。白天太阳光强、风比较小，夜晚太阳落山后光照弱，地表温差变化大，风能加强。夏天太阳光强而风小，冬季太阳光弱而风大。太阳能和风能在时间上有很强的互补性。

图1.16　风光互补新能源路灯

（十一）美丽的"风电之花"

设计美观大方，造型逼真有趣的艺术雕塑——"风电之花"（见图 1.17）竖立在街头巷尾，它既可以发电，又美化了城市环境。"风电之花"是有多个垂直轴风力涡轮机的树形结构的一种装备，设计简化，减少了风轮对风时的陀螺力。这些几乎无噪声的小型发电机可以安装在住所的后院，使风能进入普通百姓家庭。"风电之花"是荷兰 NL 建筑事务所的设计师们一直在探索的先进风力发电方法。

如同城市景观中的艺术雕塑、路灯、手机天线塔和电线杆一样，"风电之花"为现代都市增辉添色。与庞然大物的水平轴风力发电机组不同，"风电之花"占用更少的土地，可简单、便捷地安装在住所后院，把风能转换成分布式发电的电能。"风电之花"使风能进入寻常百姓家，且能和屋顶太阳能系统整合。

图 1.17 "风电之花"作为艺术雕塑竖在街头巷尾，
既进行分布式发电又美化城市环境

（十二）高空风电受青睐

大多数人对高空风电技术都很陌生。2013 年，谷歌首次以 Google X 为名宣布收购空中风力涡轮发电设备公司 Makani Power（见图 1.18），高空风电技术引起了小范围的公众关注。

高空风电技术是一种利用万米高空风能发电的技术。相比陆地，高空风电具有资源丰富的特点，这些高空风力资源还位于人口稠密区。美国国家环保中心和美国能源局的气候数据显示，全球高空资源最好的地点在美国东海岸和包括中国沿海地区在内的亚洲东海岸。在距离地面 487 ~ 12 192 m 的高空中，蕴藏着丰富的风能资源，如果将这些风能转化为电能，则足够满足全球用电需求。高空风速大，风速每增加 1 倍，其能量将增加 8 倍。高空风电有两种方式：一种是在空中建造发电站，然后通过电缆线将电能输送到地面；另一种是类似放风筝，通过拉伸产生机械能，再由发电机转换为电能。组建多座小型高空风力发电机，这些高空发电机像一个大大的飞艇，可以悬浮在空中利用高空的风能驱动涡轮发电。发电机可以根据风向进行转向，它悬浮所需的能量来自自身所产生的电能。目前，美国、意大利、英国、中国、荷兰、爱尔兰和丹麦等国多个公司在研究和开发利用高空风能。

图 1.18　谷歌收购的 Makani Power 公司设计的空中风力涡轮发电设备

利用风能发电时，需要考虑项目所在地的风能密度。随着海拔升高，优质空域的风能密度可以达到 2 kW/m²。如果上升到万米高空，风能密度将是百米空域的百倍。在我国，地面风力发电站的风能密度一般不超过 1 kW/m²，而万米高空的风能密度均值超过 5 kW/m²。尤其在山东、浙江、江苏等省上空的高空急流附近，风能密度可达 30 kW/m²，具有非常可观的开发价值。2010 年，广东佛山在 3 000 ~ 10 000 m 的高空安放风电装置，首期装机容量 10 万 kW，现已成功发电，其发电成本低于 0.3 元 /（kW·h）。高空风力发电具有以下优点：风能稳定、蕴藏能量巨大、无噪声、便于并网等。高空发电将成为未来获取能源的主要方式之一，被外界普遍认为是可再生能源发展的主要形式之一，已列入国家发改委《能源技术革命创新行动（2016—2030）》。目前，高空发电在技术方面还没有完全成熟，对其未来的发展，人们满怀信心与期待。

第四节　海洋能

一、海洋能的概念

海洋能（Marine Energy）是海洋中蕴含的动能、热能和盐度差能的总称，通常是指蕴藏在海洋中的可再生能源，主要包括潮汐能、波浪能、潮流能、海流能、海水温差能、海水盐差能等。海洋能一般的利用形式是发电，其发电有两种形式：一种是将低沸点物质加热成蒸气；另一种是将温水直接送入真空室使之沸腾变成蒸气，然后用蒸气推动汽轮发电机发电，最后从 600 ～ 1 000 m 深处抽冷水使蒸气冷凝。

海洋是一个巨大的能源宝库，海洋能是一种可再生的巨大清洁能源。海洋能可以转换成电能、机械能以及其他形式的能量以供人类使用。海洋能中的大部分能量来源于太阳辐射能，小部分来源于天体（主要是月球、太阳）与地球相对运动中的万有引力作用。

海洋能蕴藏量非常巨大，其理论储量是目前全世界每年消耗能量的几百倍甚至几千倍，估计总功率约有 780 多亿 kW，其中，波浪能 700 亿 kW、潮汐能 30 亿 kW、温差能 20 亿 kW、海流能 10 亿 kW、盐差能 10 亿 kW。据测算，尚未利用的潮汐能是世界全部的水力发电量的 2 倍。若能把波浪能转换为可利用的能源，这又将是一种理想的、巨大的清洁能源来源。目前，沿海各国，特别是美国、俄罗斯、日本、法国等都非常重视海洋能的开发。总体来说，各国的潮汐发电技术比较成熟，而波浪能、盐差能、温差能等发电技术尚不成熟，仍处于研究试验阶段。

二、海洋能的特点

1.蕴藏量巨大，但单位体积、单位面积、单位长度所拥有的能量较小。

2.是清洁的可再生性能源。源于太阳辐射能和天体间的万有引力，只要太阳、月球等天体与地球共存，海洋能就会再生，取之不尽，用之不竭。

3.能源有较稳定与不稳定之分。温差能、盐差能和海流能属较稳定能源。不稳定能源又分为变化有规律与变化无规律两种。潮汐能与潮流能属于不稳定但变化有规律的，人们可根据潮汐潮流变化规律，制定各地逐日逐时的潮汐与潮流预报，并对未来各个时间的潮汐大小、潮流强弱等进行预测，潮汐电站与潮流电站可根据预报表安排发电运行。波浪能属于既不稳定又无规律的海洋能。

4.属于清洁能源，海洋能的开发对环境污染影响非常小。

三、海洋能的利用缺陷

从发展趋势来看，海洋能必将成为沿海国家，特别是发达的沿海国家的重要能源之一。但至今海洋能并没有被广泛应用，主要有以下两个方面的原因：一是经济效益差，成本高；二是有些技术问题尚不成熟。为了能很好地利用海洋能，许多国家深入开展了大量的研究，制订长远的海洋能利用规划。如英国准备修建一座 100 万 kW 的波浪能发电站，美国要在东海岸建造 500 座海洋热能发电站。

四、海洋能利用的发展现状和发展路径

在多种海洋能发电类型中，潮汐能发电技术成熟度最高，投入商业化运行项目最多，

法国朗斯潮汐电站是其中的代表之一。此外，加拿大芬迪湾安纳波利斯潮汐试验电站、韩国始娃湖潮汐电站、英国斯旺西湾潮汐电站等也在建设或运行中。

为减轻经济、环境和社会压力，美国计划到 2030 年海洋能发电装机总量达到 23 GW。为满足上述目标，美国制定了海洋能技术路线图，从总体部署到关键任务不同维度规划发展进程。其总体思路为：第一步由实验室阶段逐步过渡到开放水域样机测试，掌握和模拟实际水域环境设备的响应情况；第二步有计划地建设示范工程获取实际运行条件下机械设备对复杂环境适应度的数据；第三步是海洋能利用小型商业化发电运行阶段；第四步是随着设备生产效率提升、可靠性提高、维修成本降低以及环境效应等综合发挥作用，以此促进大规模商业化工程启动运营，如图 1.19、图 1.20 所示。

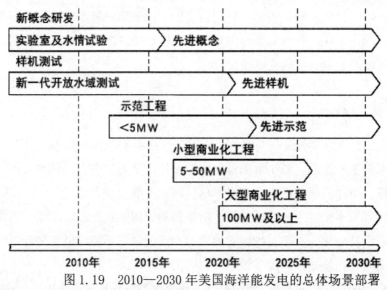

图 1.19　2010—2030 年美国海洋能发电的总体场景部署

在我国《海洋能可再生能源发展纲要（2013—2016）》及《全国海洋经济发展"十三五"规划》指导下，结合中国海洋能资源和技术现状，以强化海洋能技术实用化为原则，制定了中国中长期海洋能发电技术路线图。路线图揭示，中国未来海洋能开发重点在于突破关键技术、提升技术原始创新能力，尤其在重要设备、操作维护平台、监控设备系统和操作方法中的关键技术创新。

图 1.20　关键任务技术研发策略及场景

海洋能发电总体思路为重点开发潮汐能发电技术，积极进行波浪能和潮流能发电技术实用化研究，适当兼顾温差能和盐差能发电技术的试验研究。其中，潮汐能发电要探索性地向大中型规模电站发展，建设近岸万千瓦级潮汐能示范电站，实现潮汐能电站的并网规模化应用，积极推动示范电站技术和经验的发展和推广。此外，波浪能发电要在示范电站实现应用的基础上，逐步推进小规模电站的商业化试运营，建设百千瓦级波浪能发电站等示范项目。我国还计划建设兆瓦级潮流能发电示范项目和开展温差能利用研究，鼓励开发温差能综合海上生存空间系统，开展盐差能发电原理及试验样机研究，如图 1.21 所示。

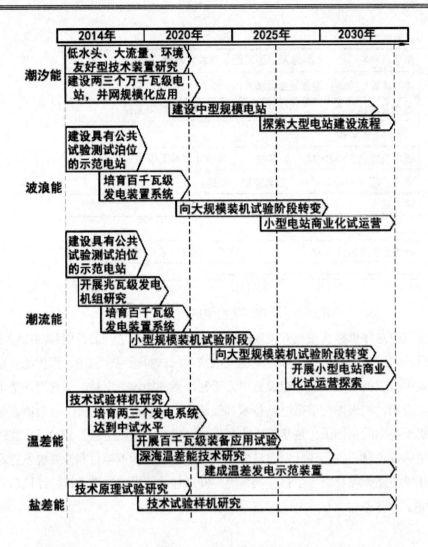

图 1.21　2014—2030 年中国海洋能发电技术发展路线图

　　海洋能发电属于新兴技术，各方面条件尚不能满足和支撑其成功地商业化运营，而技术的研发和创新过程欲速则不达。海洋能的发展思路为适度发展潮汐能发电、试验开发波浪能和潮流能发电、完善盐差能和温差能发电关键技术等为商业化运行夯实基础。

第五节　生物质能

一、生物质能的概念及分类

　　生物质能（Biomass Energy）是指太阳能以化学能形式储存在生物质中的能量形式，

即以生物质为载体的能量。生物质能直接或间接地来源于绿色植物的光合作用，可转化为常规的固态、液态和气态燃料，取之不尽，用之不竭，是一种可再生能源，同时也是唯一的可再生的碳源。

所谓生物质，是通过光合作用而形成的各种有机体，包括所有的动物、植物和微生物。生物质能蕴藏在动物、植物和微生物等可以生长的有机物中，由太阳能转化而来。从广义上讲，生物质能是太阳能的一种表现形式。除矿物燃料外，有机物中所有来源于动植物的能源物质均属于生物质能，包括木材、农业废弃物、森林废弃物、水生植物、油料植物、动物粪便、城市和工业有机废弃物等含有的能量。地球上的生物质能含量丰富，地球每年经光合作用产生的有机物质有 1 730 亿 t，其中蕴含的能量相当于全世界能源消耗总量的 10 ~ 20 倍。生物质能属于绿色无害能源，但目前利用率不到 3%，很多国家都在积极研究和开发利用生物质能。乐观估计，21 世纪中叶，各种生物质能源预计将占全球总能耗的 40% 以上。

依据来源的不同，生物质能可以分为林业资源、农业资源、污水废水、固体废物和畜禽粪便 5 大类。

1. 林业资源。林业资源是指森林生长和林业生产过程提供的生物质能的总和，包括薪炭林、在森林抚育和间伐作业中的零散木材、残留的树枝、树叶和木屑等；木材采运和加工过程中的枝丫、锯末、木屑、梢头、板皮和截头等；林业副产品的废弃物，如果壳和果核等。

2. 农业资源。农业资源包括农业作物（能源作物）和农业生产加工过程中的废弃物，如农作物收获时残留在农田内的农作物秸秆（玉米秸、高粱秸、麦秸、稻草、豆秸和棉秆等）。能源植物是指各种用于提供能源的植物，包括草本能源作物、油料作物、制取碳氢化合物植物和水生植物等。

3. 污水废水。污水废水主要包括生活污水和工业有机废水。生活污水主要由城镇居民生活、商业和服务业的各种排水组成，如冷却水、洗浴排水、洗衣排水、厨房排水、盥洗排水、粪便污水等。工业有机废水主要是酒精、酿酒、制糖、食品、制药、造纸及屠宰等行业生产过程中排出的废水等，这些"废水"均含有丰富的有机物。

4. 固体废物。固体废物主要由城镇居民生活垃圾，商业、服务业垃圾和少量建筑垃圾等固体废物构成。其组成成分比较复杂，受当地居民的生活水平、能源消费结构、城镇建设、自然条件、传统习惯及季节变化等因素影响。

5. 畜禽粪便。畜禽粪便是畜禽排泄物的总称，它是其他形态生物质（主要是粮食、农作物秸秆和牧草等）的转化形式，包括畜禽排出的粪便、尿及其与垫草的混合物。

二、生物质能的特点

（一）可再生性

生物质能可通过植物的光合作用再生，与风能、太阳能等同属可再生能源，来源丰富，可保证能源的永续利用。

（二）低污染性

生物质的硫含量、氮含量低，燃烧过程中生成的 SOx、NOx 较少；生物质燃烧时，由于它生长时所需的二氧化碳的量相当丁它排放的二氧化碳的量，因此对大气二氧化碳的净排放约等于零，能有效减轻温室效应。

（三）广泛分布性

生物质遍布世界各地，蕴藏量极大，仅地球上的植物每年生产量就相当于现阶段人类消耗矿物质的 20 倍，相当于世界现有人口食物能量的 160 倍。

（四）总量丰富

生物质能是世界第四大能源，仅次于煤炭、石油和天然气。地球上每年植物光合作用固定的碳达 $2 \times 10^{11}t$，含能量 $3 \times 10^{21}J$，每年通过光合作用存储在植物的枝、茎、叶中的太阳能——生物质能远超过全世界总能源需求量，约是全世界每年消耗能量的 10 倍。生物质能在整个能源系统中占有重要地位，应用前景广泛。我国生物质能产业发展还远未成熟，这需要我们把视线从宽泛的新能源概念转向生物质能产业链上来，促进生物质能产业的发展。

（五）广泛应用性

生物质能的应用形式多种多样，可以以生物质能发电、沼气、压缩成固体燃料、气化生产燃气、气化发电、生产燃料酒精、热裂解生产生物柴油等形式应用在国民经济的各个领域。

三、生物质能的利用途径与技术

（一）利用途径

生物质能是世界上最为广泛的可再生能源。据估计，每年地球上通过光合作用生成的生物质总量达 1 440 亿～1 800 亿 t（干重），其能量相当于 20 世纪 90 年代初全世界总能耗的 3～8 倍，但这么多的能源尚未被充分利用。目前，人类对生物质能的利用（见图 1.22），直接用作燃料的有农作物的秸秆、薪柴等；间接作为燃料的有农林废弃物、动物粪便、垃圾及藻类等。它们通过微生物发酵作用生成沼气，或采用热解法制造液体和气体燃料，也可用于制造生物炭。历史上，生物质能多半直接当薪柴使用，效率低且影响生态环境；在现代，生物质能的利用一般是通过生物质的厌氧发酵制取甲烷，用热解法生成燃料气、生物油和生物炭，或用生物质制造乙醇和甲醇燃料，或利用生物工程技术培育能源植物，发展能源农场。

（二）利用技术

1. 直接燃烧和固化成型

生物质的直接燃烧和固化成型技术的开发着重于专用燃烧设备的设计和生物质成型物的应用。现已成功开发出 3 类成型物形状的成型技术，如日本开发出通过螺旋挤压生产棒状成型物的技术，欧洲各国开发出活塞式挤压制备圆柱块状的成型技术，美国开发出内压滚筒颗粒状的成型技术和设备。

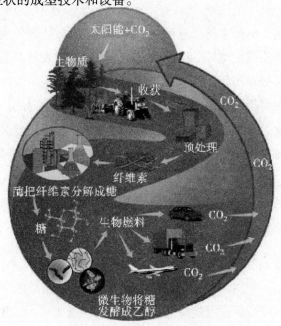

图 1.22 生物质能源循环转化利用

2. 生物质气化

生物质气化技术是将固体生物质置于气化炉内加热，同时通入空气、氧气或水蒸气，共同作用生成品位高的可燃气体。该技术的气化率可达 70% 以上，热效率达 85%。生物质气化生成的可燃气经过处理可用于取暖、发电等。该应用技术在生物质原料丰富的偏远山区意义重大，不仅能改善人们的生活质量，还能提高能源利用率，节约能源。

3. 液体生物燃料

由生物质制成的液体燃料称为生物燃料。生物燃料包括生物甲醇、生物乙醇、生物丁醇和生物柴油等。虽然生物燃料的利用起步较早，但发展缓慢。受到世界石油资源、环保和全球气候变化的影响，20 世纪 70 年代以后，许多国家开始日益重视生物燃料的开发利用，并取得了显著成效。

4. 沼气

沼气是各种有机物质在适宜的温度、湿度条件下，隔绝空气进行微生物发酵产生的一种可燃气体。沼气的主要成分是甲烷，它无色无味，与适量空气混合后即可燃烧，是一种理想的气体燃料。

5. 生物制氢

生物制氢过程可分为厌氧光合制氢和厌氧发酵制氢两大类。生物制氢是从自然界获取氢气的重要途径，生物质可通过气化和微生物催化脱氢两种方法制氢。现代生物制氢始于 20 世纪 70 年代的能源危机，20 世纪 90 年代的温室效应使人们对生物制氢有了进一步的认识，并逐渐成为人们的关注热点。

6. 生物质发电技术

近年来，生物质发电在国际上越来越受到重视。将生物质能转化为电能主要包括农林废物发电、垃圾发电和沼气发电等。生物质发电是将废弃的农林剩余物收集、加工整理，形成商品，既防止秸秆在田间焚烧造成的环境污染，又改变了农村的村容村貌，是我国建设生态文明、实现可持续发展的能源战略选择之一。更重要的是，我国的生物质能资源多集中在农村，大力开发并利用生物质能，可促进农村生产发展，显著改善农村的风貌和生活条件，对新农村的建设产生积极影响。

7. 原电池

以生物质为原料，利用化学反应时电子转移的原理制成原电池，制备原电池后的产物和直接燃烧相同但是能量被充分利用了。

（三）新利用

1. 脂肪燃料快艇

新西兰业余航海家和环境保护家皮特·贝修恩驾驶以脂肪为动力的快艇"地球竞赛"号（见图 1.23），全部采用生物燃料完成了一次环游世界的环保之旅。2008 年，贝修恩从西班牙的瓦伦西亚出发，旅程全长约 4.5 万 km。"地球竞赛"号被称为世界上最快的生态船，融合多项高科技，船身有 3 层外壳保护，内有两个功能先进的发动机，最高时速约 74 km/h，即使航行在巨浪中，速度也不会减慢。

图 1.23　脂肪燃料快艇

2. 日本开发海藻发电新技术

日本科学家开发了一种生物质发酵新系统，此系统利用海藻生产燃料。海藻中脂类含量高达 67%，它可以作为生物质能使用，代替煤、石油、天然气等资源。海藻生物质能发酵设备把收集来的大量海藻碾碎，再加水搅拌成藻泥，藻泥被微生物降解成半液体状，降解过程中产生的甲烷气体可被用作燃料供内燃机发电。每处理一吨海藻能产生 20 m³ 甲烷气体，每小时可发电 10 kW。利用海藻生物质能发电，极具环保价值，残渣还可以用作肥料，此技术具有很好的发展前景。另外，还可利用剩饭剩菜等餐后垃圾，经过微生物发酵，分解出的气体可作为燃料电池的燃料，用来发电。

3. 太阳能大黄蜂——能收集太阳能并转换成电能

以色列科学家发现一种亚洲大黄蜂，身体内置"太阳能电池"（见图 1.24），它可以利用皮肤色素将吸收的太阳光转换成电能。研究发现，大黄蜂体内有类似于热泵的机制，使它即使在阳光下也可以保持低温。研究小组还发现这种黄蜂的褐色组织中包含黑色素，黑色素通过吸收有害紫外线并转换成电能。

4. 用狗粪便点亮路灯

英国一个停车场利用狗粪点亮路灯，这个装置是一个甲烷消化器，用来代替垃圾桶，将宠物的排泄物装好并丢进伸出地面的管口，进入地下发酵容器，通过摇动设备上的手柄搅拌混合物，同时使容器内的甲烷上升到顶部。到了晚上，甲烷通过管道运输到地面的路灯上，用电火花点燃甲烷，路灯就亮了。

图 1.24　能发电的大黄蜂

5. 用尿液发电

2009年,美国俄亥俄大学的科学家通过电解尿液获得氢气用于燃料电池(见图 1.25)。经试验,一头母牛的尿液可以获得为 19 个家庭提供烧热水的能量,但此方法本身耗电量太大,不宜推广。

图 1.25　尿液发电装置

四、生物燃料乙醇前景广阔

目前,全球生物燃料乙醇的产量和消费量快速增长。生物燃料乙醇以其具有的可再生、环境友好、技术成熟、使用方便、易于推广等综合优势,成为替代化石燃料的理想汽油组分。为加快生物燃料乙醇等生物质能产业发展,世界各国大都成立专门管理机构,负责产业政策制定及发展管理,如巴西"生物质能委员会"、美国"生物质能管理办公室"、印度"国家生物燃料发展委员会"等。很多国家还制订了中长期发展规划,如美国"能源农场计划"、巴西"生物燃料乙醇和生物柴油计划"、法国"生物质发展计划"、日本"新阳光计划"、印度"绿色能源"工程等。在此推动下，世界生物燃料乙醇生产消费规模快速增长，从 2005 年的 3 628 万 t，增加到 2016 年的 7 915 万 t。据不完全统计，已有超过 40 个国家和地区推广生物燃料乙醇和车用乙醇汽油，年消费乙醇汽油约 6 亿 t，占世界汽油总消费的 60% 左右。

美国是世界最大的生物燃料乙醇生产消费国，主要原料为玉米。据美国可再生燃料协会数据，2016 年，全美生物燃料乙醇总产量达 4 554 万 t。通过立法，车用乙醇汽油在美国应用已实现全覆盖，有效提高了能源安全水平，减少了机动车有害物质排放，年减排二氧化碳超过 4 350 万 t，增加就业岗位 40 万个。巴西是全球生物燃料乙醇第二大生产消费国，也是最早实现车用乙醇汽油全覆盖的国家，主要原料为甘蔗。目前，巴西生物燃料乙醇已替代了国内 50% 的汽油。欧盟早在 1985 年就开始使用乙醇含量 5% 的车用乙醇汽油。2016 年，欧盟生物燃料乙醇产量为 409 万 t。根据规划，2020 年生物燃料在欧盟交通运输燃料消费总量所占的比重将至少达到 10%。

国际经验表明，发展生物燃料乙醇可以为大宗农产品建立长期、稳定、可控的加工转化渠道，提高国家对粮食市场的调控能力。同时，生物燃料乙醇产业也是处置超期、超标粮食的有效途径。巴西通过甘蔗—糖—乙醇联产，根据国际市场蔗糖价格调节汽油中乙醇掺混比例，同时大力推广乙醇汽车，扩大乙醇消费量，保障了国内甘蔗价格和糖价的稳定，维护了农民利益。美国通过生物燃料乙醇产业需求，持续拉动国内玉米生产、提高农民收入和促进农业科技进步，形成了粮食生产和消费良性循环发展的局面。

2001 年，中国启动了"十五"酒精能源计划，推广使用燃料乙醇。目前，全国已有 11 个省（区）试点推广 E10 乙醇汽油。我国在《可再生能源法》和《国家中长期科学和技术发展规划纲要》中提出，到 2020 年我国生物燃料消费量将占全部交通燃料的 15% 左右。2017 年，我国发布的《关于扩大生物燃料乙醇生产和推广使用车用乙醇汽油的实施方案》明确提出在全国范围内推广使用车用乙醇汽油，并到 2020 年基本实现全覆盖。2040 年前液体燃料在交通运输领域的主体地位不可撼动，可以预期，未来燃料乙醇具有广阔的发展空间。按我国目前乙醇的供应能力，产能缺口约 1 275 万 t/a。据此，建议石油企业尽早解放思想，探索与粮企合作的路径，同时探索投资纤维素燃料乙醇等先进生物液体燃料技术的可行性，助力能源向绿色低碳转型发展。

五、生物质液化和液体生物质燃料的研发

生物质是可再生碳资源，是唯一可转化为可替代常规液态石油燃料的新能源。现阶段，热化学高效转化利用技术是生物质能源开发利用的主要途径。有关生物质制备液体燃料技术的研究，是人们关注和研究的热点，也是现阶段生物质利用最具产业化前景的技术之一。制备液体燃料的常用方法是利用化学或者生物化学手段，将生物质转化成可

以替代石油燃料的液体能源产品。通过热化学转化过程，能最大限度地将生物质转化为液体燃料或化工原料，所得产物能量密度高、附加值大、储运方便。根据目前生物质热化学转化制备液体燃料的技术发展和产业化的总体现状和趋势，热化学转化又可分为直接液化和间接液化两种。

生物质制备液体燃料的原料主要有两大类，分别为固体类生物质和液体类生物质。固体类生物质主要包括半纤维素、纤维素和木质素，以及常态下为固态的淀粉和糖类原料，如甘蔗、玉米、木薯、地瓜等。液体类生物质主要包括各种油脂和有机废水等。制得的液体能源有生物柴油、生物乙醇、生物甲醇、二甲醚和生物油等，它们均可以替代石油能源产品。

生物质热化学转化是指利用固体类生物质原料，在一定温度和压力下，在反应装置中经过一定时间的复杂反应，使固体类生物质转化成液体产品。不同的工艺过程，生物质的转化率差异很大，一般为 50% ~ 90%。根据国内外目前开展的工艺流程，固体类生物质热化学转化液体燃料的途径大致可以分为高压热解液化、常压热解液化、常压快速热解液化、气化合成、超临界液化 5 种类型。

高压热解液化技术是指将秸秆、木屑、甘蔗渣等农林废弃物，处理形成一定形状的生物质，在高压（10 MPa 以上）和高温（250℃ ~ 400℃）条件下，加入酸、碱和溶剂等物质共同作用生成液化油。如图 1.26 所示为热解液化技术的具体流程示意图。

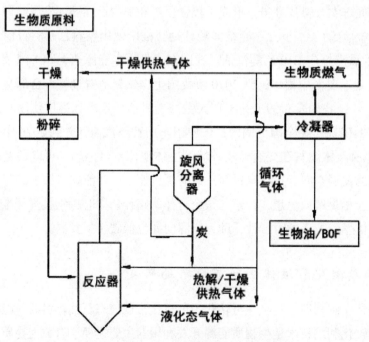

图 1.26　热解液化技术的流程

加拿大西安大略大学开发的生物质直接超短接触液化技术，得到了占原料质量70% ~ 80%的液体产品及少量的气体和固体产品。荷兰 BTG 公司和特温特大学技术开发公司以砂子作热载体开发生物油，在裂解温度为 400℃ ~ 600℃，压力为 58.8 MPa 的条件下，1 s 内即可完成裂解过程且产率较高，每 1 000 kg 生物质可生产油 600 kg。英国伯明翰阿斯顿大学瞄准 100% 的车用燃料生产，重点研究生物油的裂解技术。我国生物质快速热解技术研究尚处于起步阶段，主要是开展实验室研究和中试规模的实验技术研究。沈阳农业大学与荷兰 Twente 大学开展合作，引进了生产能力 50 kg/h 的旋转锥式反应器。近年来，浙江大学、中科院化工冶金研究所和河北环境科学院等也进行了生物质流化床液化的实验探索研究，并取得了一定的成果。山东工程学院首次实现了液化玉米秸粉的实验室制备，并成功制出了生物油。

常压热解液化技术是将生物质在常压下快速液化，即液化剂中的生物质在常压条件下转化为分子量分布宽泛的液态混合物。该过程中最重要的两个因素是液化剂和催化剂的选择，采用不同的催化剂，液化情况是不同的。常压液化可以避免高温高压的危险性和对设备的较高要求，具有条件温和、设备简单、产品可以替代传统石油化学品的特点，此外，产物还可以与异氰酸酯合成聚氨酯。聚氨酯材料在国防工业、轻纺工业、交通、油田、煤矿、矿山、建筑、医疗、体育等领域有广泛应用。

常压快速热解液化技术是在传统的裂解基础上发展起来的一种技术。与传统的裂解相比，该技术采用超高加热速率、超短产物停留时间和适中的裂解温度，使生物质中的有机高聚物分子在隔绝空气的条件下迅速断裂为短链分子，将相对分子量为几十万到数百万的生物质直接热解为相对分子质量为几十到一千左右的小分子液体产物，从而最大限度地获得液体产品。产物可直接作为燃料使用，也可精制成化石燃料的替代品。

气化合成技术属于生物质的间接液化，与直接液化相比，间接液化具有产品纯度高，不含或很少含有 S、N 等杂质的优点，但工艺过程复杂。将有机物间接液化一般采用合成气体制成原料，由于其清洁环保，引起了人们的广泛关注。生物质气化技术除用于发电外，欧盟还开展了借助生物质气化工艺合成甲醇、氨的研究工作。生物质气化工艺过程在煤化工、石化化工中应用极广。

含甲醇 1% ~ 3% 的混合汽油在德国已广泛应用，内燃机结构无须进行较大改动，输出功率与纯汽油内燃机的输出功率接近。目前，生物质气化合成甲醇的工艺技术已较成熟，但产品的经济性尚不能与石油、煤化工相竞争。芬兰的一家化肥厂，首次采用木屑气化工艺产出燃气，并成功地以燃气作为原料合成氨。在德国，壳牌公司与科林公司签署了合作协议，双方拟在生物合成炼油领域全面开展合作，其主要合作内容是将生物质经过低碳化、高气化方式提炼合成，进而转化为柴油。

超临界液化技术近年来得到广泛推广，其原理是利用水、二氧化碳、乙醇、丙酮等溶剂在超临界状态下作为溶剂或反应物进行化学反应。因超临界流体的扩散性能良好，黏度低，非常利于反应过程中物质的传热。Demirbas 研究小组在生物质的超临界液化方面进行了深入的探索和研究，他们分别用向日葵瓜子壳、榛子壳、棕榈壳、橄榄壳、蚕茧等多种生物质原料在水或甲醇、乙醇、丙酮等有机溶剂中进行了超临界液化试验，并进行了细致的对比。如橄榄壳分别在甲醇、乙醇、丙酮等有机溶剂中进行超临界液化，液化产物用苯、二乙醚进行进一步分离。大量的实践结果表明，该技术具有较强的推广前景。东北林业大学的钱学仁小组深入研究了中兴安落叶松木材在超临界乙醇中的液化过程。研究结果表明，温度是液化过程关键的控制因子，随着温度的升高，木材加剧分解，转化率随之提高，数据表明，在340℃时转化率最高。另外，溶木比也是一个重要的过程参量，一般情况下，溶木比的增加伴随着木材转化率的升高和萃取物产率提高，而萃取时间基本不受影响。

生物质原料有组分复杂、资源分散、不易运输和储存、热值低等特点，这使得生物质的开发必须要将其经济、高效地进行转化，转化产物要满足替代普通石油液体燃料（如醇类、汽油和柴油等）的性能要求，才能进行大规模的生产利用。尽管目前人类已经在生物质热化学转化方面做了大量的研究、尝试和开发工作，但是离实现规模化量产仍有相当的距离，其中仍存在某些关键问题需要进行攻关解决。

首先是技术方面的问题。生物质原料的形态、物性差别很大，热化学转化过程也各不相同。生物质液化油不仅是水相和油相，其组分极其复杂，还含有不稳定以及腐蚀性的成分，必须进行组分优化处理，提升其品质后方可作为燃料使用，而品位的提升是生物质直接液化技术的关键所在。当前，人们在生物质催化裂解液化、高温快速裂解、超临界液化、高压裂解液化、液化油分离提纯等技术的探索和研究尚不够深入，关键的核心技术问题没有完全解决。特别是对因生物质的物化特性差异，热解方法不同，引起热解过程的反应机理、工艺参数、过程差异的基础研究缺乏。在今后相当长的一段时间里，需要重点探索开发生物质热化学转化过程及转化机制、工艺条件、原料特性、生物质热液化反应器及其反应装置的放大问题，同时需要重点进行生物质裂解液化动力学特性、反应机理、热力学参数、热解过程及产物控制、液化油产物的分离精制和催化剂制备等方面的基础研究。

其次是经济方面的问题。我国生物质资源分布范围广，总量丰富，季节性强，运输储存费用高。适宜采用分布式初加工，然后进行相对集中的精制加工。广泛建设分布式生物质初加工的转化利用站点，能有效解决生物质运输和储存困难的问题。同时，还需要根据转化制得的液化油的物理化学性质的差异，探索研究高效便捷经济的转化技术，开发附加值高的生物质产品，提高技术的经济性和可推广性。

另外，还有政策方面的问题。进入21世纪，各国充分重视对生物质的开发利用，但生物质作为一种新开发的能源，要充分地开发利用，仍需要加快推出具体的操作性强的扶持政策，如对生产企业和用户给予经济补贴的办法，同时给予税收减免、投资补贴、开发优惠的政策，以增强相关企业或行业的竞争力，推进生物质能产业的健康快速发展。

目前，世界各国都十分重视对可再生的生物质资源的开发和利用。我国生物质资源总量不低于 30 亿 t/a（干物质），种类也非常丰富，资源总量相当于 10 亿多 t 油当量，大约相当于我国目前石油年消耗量的 3 倍。但生物质能尚未实现广泛应用，商业化程度不高，在我国商业化的生物质能仅占一次能源消费的 0.5% 左右，相较于发达国家存在很大的差距。近年来，生物质热化学转化制备液化油是一项非常有发展前景的技术，目前实验室研究、中试检验和规模示范都在进行相关的实践研究。

现阶段，生物质能及其应用技术的研究开发，要从生态保护、环境保护的角度出发。从长远来看，生物质能源能弥补石化资源有限性的限制，而且生物质能开发利用的社会效益要远远大于经济效益。国家会尽快制定并出台相关扶持政策，鼓励和扶持企业投资生物质能的开发项目；加重对热化学制液化油技术研发的投入，刺激热化学转化生物质，制取液体燃料油技术和生产工艺的发展，实现规模化工业生产优质液体燃料的目标。

六、发展我国生物质能的产业链

2016 年，我国发布的《2016—2020 年中国生物质能发电产业投资分析及前景预测报告》分析显示：生物质能发电行业的产业链比较短。例如，生物质能发电行业，其产业链由其上游的资源行业和设备行业、生物质能发电生产行业及其下游的电网行业构成。其中，生物质能发电行业与其他新能源行业一样，面临的下游客户均是电网，电网购买电力资源后，出售给其下游的用户。生物质能发电在总能源中所占份额很小，而其下游的用电行业的波动和变化造成了电力需求波动，这个波动会波及整个能源行业。具体来讲，其需求波动主要有以下特点：

第一，对生物质能原料来说，它需要平衡变废为宝和需求杠杆。生物质能的开发利用使得农田中的秸秆和森林中的"三剩物"等"变废为宝"，变成了农民增加收入的良好途径，但在实践中，生物质能原料的收购并不是一帆风顺、水到渠成的。一方面，农作物种植的周期性很强，换季时茬口很紧，必须在短时间内把上一季的秸秆处理掉，否则会误了下一季的茬口。而生产企业若在这个"档期"内不能进行及时、高效的收购，作为生物质能原料的"宝贝"就难逃被烧掉的命运。另一方面，农业生产的季节性使秸秆的产出在不同的时间产量并不一样，不同的产量与连续生产的工业生产很难实现连续有效的对接。再加上秸秆还可用于造纸，造纸企业的秸秆收购价要高于电厂的收购价，农民自然会考虑卖给出价高的一方，竞争的存在提高了生物质能生产企业的原料收购价格，直接增加了成本。

第二，对生物质能运输来说，需要调节"十里不运草"和规模化生产利用的平衡。农林生物质分布面积广、质量小、体积大，一般情况下，3 辆马车仅能送走 1 t 没有打捆的秸秆。若以传统的方式进行运输，运费的高昂程度可想而知，"十里不运草"有其自身的道理。但生物质能的规模开发与利用需要大量稳定的原料供应，要发展生物质能必须重视和进行秸秆储运机械化的探索研究。但这方面的研究不能照搬欧美与其规模化农业生产相匹配的集储运机械化的发展模式，而是必须针对我国的农业分布和生产特点，积极研究和开发与之相适应的技术和装备，提高秸秆收集储存效率，同时降低秸秆收集成本和劳动强度。

第三，生物质能的生产与应用必须考虑技术问题和成本问题。生物质能是可再生能源中唯一可运输和储存的，所有生物质能利用前均需转化。转化技术主要有物理、化学和生物 3 类技术，转化方式主要有直接燃烧、固化、气化、液化和热解等。一般情况下，转化工艺的技术水平对生产成本起决定性作用。非粮生物质资源非常丰富，有效分解纤维素的工艺是转化过程的关键。目前，化学水解转化技术被广泛使用，但存在能耗高、成本高、生产过程污染严重等问题，导致其推广应用缺乏经济竞争力。生物技术一般采用催化酶的方法实现水解，该技术中纤维素酶及其作用底物非常复杂，致使酶解效率远低于淀粉酶，这对纤维素酶的量化生产和广泛应用产生了较大影响。由此可知，关键技术壁垒是生物质能推广应用的巨大障碍，这一障碍导致生物质能在生产转化过程中所消耗的能源可能比其产生的能源还要多，其生产成本远高于它们所替代的石油燃料。

第四，生物质能在销售环节需平衡价格和补贴问题。与传统能源的市场化相比，生物质能作为商品走向市场，会受到更多因素的制约，如生物质能的成型燃料配套炉具的匹配、发电上网电价政策、车用燃料乙醇各种相关标准的制定等。在综合考虑这些因素后，生物质能的销售价格并没有优势。在这样的情况下，要想引导和刺激生物质能产业的发展，国家虽然给予了相应的补贴政策，但补贴效果并不令人满意。例如，在生物质发电产业中，根据国家的《可再生能源法》，国家电网必须购买绿色电力，造成目前许多电网公司在亏损中经营，甚至可以说"补贴政策是造成许多电网公司目前仍在亏损的原因之一"。另外，有些生物质能发电厂的电价与当地基准价格存在"逆向选择"，例如，新疆、内蒙古和东北三省等地的秸秆资源非常丰富，这些地区的基准电价偏低，特别是新疆，包括补贴在内每千瓦时电价只有五角多。而江浙、广东、福建等经济发达地区的基准电价高达六七角，因为这些经济发达地区没有充足的秸秆资源来支撑发电厂的生产。

第五，在生物质能的推广环节，需综合考虑经营模式与政策。生物质能资源主要分布在农村，人们普遍认为，来自农村的生物质能源应直接用于解决农村能源需求。而中国林业科学院的蒋剑春却认为，我国农民的购买力一般较差，如果没有补贴，农村家用生物质成型燃料的推广很难形成规模，这一现状严重制约了生物质能产业的发展。如长春吉隆坡大酒店的供热系统采用的是生物质成型燃料技术，采用该技术后，酒店供热效果得到明显改善，每年可节约各种费用 560 多万元，每年减排 CO_2 约 2 000 t，可以说长春吉隆坡大酒店的供热实践是城市利用生物质能的成功案例。但国家对中小锅炉准入的"一刀切"政策使得满足节能减排要求的生物质成型燃料在城市的推广应用受到严重的限制。

生物质能发电行业的产业链比较短，在产业链上游，供应商定价能力与生物质电厂所在地的资源禀赋关系密切，如在资源丰富且周边无大工业用户情况下，电厂具备定价权；在资源紧张且存在其他大用量用户时，会出现供应商哄抬燃料价格扰乱市场的现象。国家应优先调整政策以保证生物质能实现无忧发电和销售。生物质发电量在电网中的占比很小（约 0.5%），国家《可再生能源法》规定生物质电不参与调峰，优先上网。

第六节　核能和氢能

一、核能是清洁、高效、安全的能源

核能是指原子核通过核聚变、核裂变或放射性核衰变释放出来的能量。核能问世之后，人类开始利用核能发电，核能走进了人们的生活。在一些国家，核能已成为主要的电力能源，如在法国，核电占全国发电总量的 75% 以上。世界上各国核电站的建设、运行经验表明，核电的发电成本比煤电还低，可以说核电是一种经济、安全、可靠、清洁的新能源。自 1980 年后法国核电的发电量逐年增加，硫氧化物的排放明显减少，大气中尘埃量也明显减少，空气质量得到显著改善。

核电站是利用原子内部蕴藏的能量产生电能的新型发电站。核电站由核岛和常规岛两部分组成（见图 1.27），其中，核岛是利用核能生产蒸汽，它包括反应堆装置和回路系统；常规岛是利用蒸汽发电的部分，它主要包括汽轮发电机系统。铀 -235 是核电站所用的核燃料，铀 -235 制成的核燃料在"反应堆"内裂变反应产生大量热能，一般每千克铀 -235 裂变所释放的能量相当于燃烧 2 700 t 的优质煤释放的能量。裂变反应产生的大量热能用高压水带出，并在蒸汽发生器内产生蒸汽，蒸汽又推动汽轮机带动发电机产生电能，这就是普通压水反应堆核电站的工作原理。

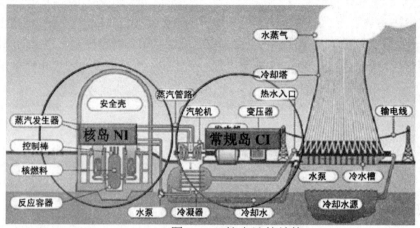

图 1.27　核电站的结构

相比较其他形式的能源，核电的特点如下：

1. 核电是安全的。核反应堆使用的铀一般是低浓缩的铀，浓度约为 3%。对反应堆的所有设计都是为了实现可控、连续的裂变反应，这与核弹所用的高浓缩铀（铀 -235 含量在 90% 以上）所进行的非受控裂变反应完全不同。当核电站中的反应堆功率过高时，可以通过反应堆中可靠的安全控制系统实现迅速停机。同时，核反应堆还配备冷却系统，以确保正常工作条件下或事故发生时能将核燃料产生的热量带走，避免烧毁元件。核电站绝对不会发生像核弹那样的无控爆炸，只要正常操作和正确运行核电站就是安全的。

当然，核电的安全使用最关键的还是避免和防止放射性物质泄漏，放射性物质的泄漏会对环境或生物造成严重的危害。核电站一般建有四道防辐射屏障，第一道是抗辐射固体芯块，它用来包容绝大部分裂变产物；第二道是密封燃料包壳，它用来实现对核燃料芯块和放射性裂变产物的密封；第三道是压力容器，该压力容器非常坚固，是由 20 多厘米厚的钢制成；第四道是安全壳，该安全壳高 60～70 m，壁厚为 1 m 的钢筋混凝土，其内表面还有 6 mm 的钢衬。

一般情况下，核电事故不是核电技术的问题，而主要是人为造成的。随着核电技术的不断发展与完善，核电站的操作和运行也会更加简便，其安全水平也会越来越高。另外，人体对一定程度的放射性损伤有自然抵抗和恢复能力。研究表明，人体一次能够耐受 0.25 Sv 的集中照射而不致损伤。为了保障工作人员和周边居民的身体健康，国家对放射性辐射做了特别严格的规定，制定了严格的限值，对从事放射性工作的人员来说，每年遭受的辐射量不超过 0.05 Sv，而对于核设施周围的居民来说，每年遭受的辐射量不得超过 0.001 Sv。中国核工业集团公司核电站管理规定对周围居民的照射不得超过 0.000 25 Sv/a。由此可知，核电站对人体造成辐射的实际剂量比国家规定值还要小很多。

2. 核电是清洁的。核电站主要是用原子裂变产生的核能，这种形式的核能仅产生少量的辐射，在正常操作和运转的情况下，少量辐射对周围环境影响很小。实际上，人体受到的辐射中有 76% 是来自宇宙射线，有 20% 是来自周围环境中的放射性物质所产生的辐射，另外有 4% 来自医疗辐射，而来自核辐射的不到 1%。核聚变获取的能源形式也是较为理想的，它用的原料主要是海洋中存在的大量氘，其聚变产物是非常清洁的氦元素，可以认为核聚变对环境是友好的、无伤害的。将来若受控热核聚变能够实现，核能可以长期为人类的生存和发展提供稳定的能源。核能作为一种清洁的能源，若能科学、安全地发展并增加核能的利用规模，有望在一定程度上解决目前全球面临的环境压力，实现人类社会的可持续发展。

3. 核能是经济的。核电站作为高能量、低消耗的电站，能以较少的核燃料获得巨大的能量。若铀 -235 每次衰变产生的能量以 190 MeV（实际超过此值）计，3 000 MW 的核电站运行一天共需铀 -235 约 3 300 g。而同样发电能力的火电站则需要热值为 27.42 MJ 的优质煤 9 600 t。由此可知，核电站运行所需的原料少，运输成本低，对石油、煤、天然气和水资源缺乏的地区，核电具有不可替代的优势。现在，日本、法国和美国的核电成本已经低于煤、油的发电成本，法国甚至达到了 1 ∶ 4 的水平。

4. 核能是耐用的。核能利用的铀 -235 仅占天然铀的 0.7%，绝大多数的铀 -238 并没有得到利用。铀 -238 容易吸收快中子而再生为新的核燃料钚 -239。钚 -239 可以作为原料制造无须慢化剂就可直接利用快中子维持链式裂变反应的快中子反应堆。反应机理为钚 -239 吸收一个快中子产生 2.45 个快中子，其中一个快中子与另外的钚 -239 反应，剩下的 1.45 个快中子则与铀 -238 反应生成新的钚 -239，进而实现钚 -239 的增殖，这就是所谓的快中子增殖反应堆。按照这个思路，铀矿资源的利用率可以提高 60% ~ 70%，即便按照现在的核燃料使用速度，现存铀矿可以使用 2 000 年。

核工业在我国已有 50 多年的发展历史，现在我国拥有一支专业齐全、技术过硬的核技术开发队伍，并建设形成了以铀资源地质勘查、采矿、元器件加工、后处理等组成的完整的核燃料循环体系，已成功建成多类型的核反应堆，并有多年的安全管理和运行经验，且能够自主设计、建造和运行自己的核电站。浙江秦山核电站、广东大亚湾核电站、江苏田湾核电站、广东岭澳核电站等是目前我国投入商业运行的核电站。核电作为安全、清洁、高效的能源，是我国增加能源供应、优化能源结构、应对环境污染和气候变化的重要选择。国家推行"积极推进核电建设"的能源政策，预计到 2020 年我国的核电规模可达到一亿千瓦。

当然，核电在发展过程中也存在各种各样的问题，一方面，人类需要发展核能；另一方面，目前，没有任何国家找到能安全、永久处理高放射性核废料的办法。自核能发电以来的 50 多年中，核电提供的电力约占全球电力的 18%，并获得了巨大的经济效益，但也发生了 20 多起重大核事故。如 1986 年 4 月 26 日，乌克兰的切尔诺贝利核电站的 4 号反应堆起火燃烧，引发重大事故，致使整个反应堆浸泡在水里。由于缺乏严格的安全防范措施，致使大量放射性物质泄漏，据官方统计，6 000 ~ 8 000 名乌克兰人死于这场核泄漏引发的核辐射中，更为严重的是附近居民的正常生活受到长期的严重影响。位于切尔诺贝利西部的奥夫鲁奇地区曾是田园诗画般的家园，而这场核事故却给这里的居民带来了一场无尽无休的灾难，居民特别是儿童患病、死亡率攀升、动植物畸形严重，事故的遗患严重影响了居民的正常生活，并成为该地区人们生活的一部分，恐惧的氛围终日笼罩在居民心头。1994—1998 年，日本共计发生了 115 起大小不同的核事故。即便在核电建设方面领先的法国，也在建成著名的超级凤凰核电站（SPX）后，大小事故不断，迫使该电站仅运行了 10 个月就关闭。

另外，核废料的处理也是人们亟待解决的一大难题。目前，各国大都采用临时浅部掩埋的措施。某些发达国家甚至将灾难转移，把大量有毒核废料运往贫穷国家。利用深部岩石洞室作为核废料永久储存库方面，科学家们虽为之奋斗了几十年，迄今并未得到圆满解决。核泄漏不能完全避免的问题已引起了全球的关注。由于世界各界人士的强烈抗议和技术方面的原因，使某些核电生产大国在选择永久存放核废料场地时陷于困境。

为实现我国能源的可持续发展，在核电建设和利用方面，需全面通盘考虑，慎重决定，并综合国际正反两方面的经验教训。展望未来，人类需要且会继续利用核能，并继续加强对核聚变、核废料处理等前沿课题的研究。

二、氢能源

所谓氢能源，其一，氢能是氢原子在高温高压下聚变成一个氦原子时所产生的巨大能量；其二，氢能是燃烧氢所获得的能量。两个定义使用的范围不同。宇宙中的氢能是氢原子在高温高压下产生聚变反应，即氢热核反应，释放光和热，向四周辐射，太阳能实际上就是太阳进行氢热核反应释放的能量。地球上的氢能，即人们通常所说的氢化学能，是氢气燃烧所释放出的能量。氢气燃烧时与空气中的氧气结合生产水，不会对周围环境造成污染，是一种清洁能源。氢燃烧放出的热量是燃烧同质量的汽油放出热量的 2.8 倍。

氢能是一种极为优越的二次能源，是一种清洁的能源，是联系一次能源和能源用户之间的纽带，在 21 世纪的世界能源舞台上会成为一种重要的能源。在现代交通工具中，氢能无法直接使用，只能使用像柴油、汽油这一类含能体能源。柴油和汽油作为二次能源，它们的生产几乎完全依靠化石燃料。随着化石燃料消耗量的日益增加，其储量在逐渐减少，终将要面临枯竭，迫切需要寻找不依赖化石燃料且储量丰富的新能源。氢能自身具有的特点是人们在开发新能源时所期待的一种二次新能源。

（一）氢能的优点

氢能之所以能作为一种新的二次能源，是由于氢气特有的优点所决定的。氢作为新能源的主要优点如下：

1. 氢燃烧热值高。除核燃料外，氢的发热值比所有化石燃料、化工燃料和生物燃料高，约为汽油的 2.8 倍、酒精的 3.9 倍、焦炭的 4.5 倍。

2. 氢燃烧性能优秀，与空气混合时有广泛的可燃范围，且燃点低，点燃迅速，燃烧速度快。氢还是一种极好的传热载体，其导热性优越，比大多数气体的导热系数高 10 倍，是能源工业中极好的传热载体。

3. 氢能是一种十分清洁的能源。氢元素本身清洁无毒，与其他燃料相比，氢燃烧时也最清洁，除产生水和少量氨气外，不会产生诸如 CO、CO_2、碳氢化合物、铅化物和粉尘颗粒等污染环境的有害物质，氢能的应用可显著降低全球温室气体的排放量，减少大气污染。其中，少量的氨气经过适当处理可以使其燃烧，生成的水还可继续制氢且可以反复循环使用。氢能是世界上最干净、清洁的能源。

4. 氢可以是气态、液态，也可以是固态，能适应储运和各种应用环境的不同需求。氢能的利用形式也有许多种，既可以直接通过燃烧产生热能，并借助热力发动机产生机械能，又可作为能源燃料用于燃料电池领域。而且氢能和电能之间可以方便地相互转换，如可以通过燃料电池将氢能转换成电能，也可以通过电解将电能转换成氢能。

5. 氢气资源丰富。氢是自然界存在最普遍的元素，除了空气中含有少量氢气外，氢元素一般以化合物的形式储存在水中，而水在地球上含量十分丰富。氢气可以以水为原料获得，而氢燃烧后生成的水可以继续制氢，反复循环使用。

由于氢气具有上述优点，因此它是一种理想的、新的含能体能源。氢能有潜力成为一种可持续清洁能源，服务各国经济，消除各国之间的不平衡能源贸易。

（二）呼唤技术突破

尽管氢能具有许多优点，是一种理想的新的含能体能源，但是氢能至今都没有得到广泛应用。要使氢能得到大规模的商业化应用，仍有许多关键问题需要妥善解决。

1. 制氢的效率极低，成本高。氢气作为一种二次能源，制取它需要消耗大量的能量，而目前制氢技术尚不成熟，效率极低。要想大规模使用氢能源，就要找到高效率、低成本的制氢技术。探索和研究廉价的大规模制氢技术是世界各国共同关心的问题。

2. 氢储存和运输中的安全问题。氢气易气化、着火点低，使得氢气易发生爆炸。要是在户外使用，氢气易挥发和扩散，问题不大。但在通风不畅的环境中，若存在火花，非常容易发生爆炸。如何实现氢的安全储存和运输成为开发氢能的关键所在。

3. 氢的储存和运输问题。氢可以以气态、液态或金属氢化物的形式存在，且储存方式灵活多样。但是气态氢体积大，储存和运输时必须要压缩成为液态。液氢的密度小，只有石油密度的 1/4 ~ 1/3，在等质量的情况下，储存压缩氢气或液氢的容器体积要比储存石油的大得多。由于氢溶解金属能力强，因此氢化物形式储存氢是合适的选择，但是储氢材料用过几次后会变脆弱，无法再继续使用。

要使氢能得到广泛推广和应用，必须使氢能源技术和设备，包括制氢技术、储存方法、运输设备和储氢材料等有所突破。只有氢能源关键技术实现突破，氢能才能在世界能源舞台上成为一种举足轻重的二次能源。

（三）氢经济的霞光

氢能作为一种新能源正为人们所重视，正在被人们所应用，氢经济的霞光逐渐呈现。

1. 研究氢能的走廊

冰岛一直致力于在 2050 年成为世界上第一个氢经济体国家。冰岛位于北大西洋中部，北美和欧洲两大板块之间，面积小人口少，却是一个经济、科技、文化高度发达的国家，人均 GDP 居世界前列。冰岛严格遵守《京都议定书》中二氧化碳排放配额，以发展能源密集型工业作为首选。除开发水力能和地热能之外，冰岛还重视其他可再生资源的开发和利用。冰岛开发应用氢能源有其得天独厚的环境，因为其电力的 72% 来自地热和水力资源。冰岛可以通过电网供电来电解水，得到氢能。

在冰岛开发氢能源和发展氢经济中设计制造了以液态氢为燃料的公交汽车，并在公路上试运行。冰岛拟打算让整个交通运输系统中运行的汽车都由氢气提供能源。为此，冰岛联合了包括卡车和轮船在内的其他运输公司，成立了冰岛新能源有限公司，它的第一项任务就是开创一个探索氢能可能性的项目，由此提出了生态城市运输系统（EC-TOS，Ecological City Transport System）的新概念。

氢能源汽车的兴起，冰岛看到了希望，氢经济的霞光之所以出现在冰岛这个小国并不是偶然的。历史上冰岛曾有过从一种能源换为另一种能源的经历。1940—1975 年，冰岛房间供暖由石油转换到使用地热能加热，人们更容易接受能源使用的变革。目前，冰岛能源绝大部分来自地热能和水力能，通过地热蒸汽涡轮及水力发电来产生氢气，方便地解决了氢气来源问题。此外，冰岛环境恶劣、季节变化较大、地形复杂，这些都有利于对氢能源技术做出正确的评价。

2. 海洋里的"闪电"

世界上第一艘氢能源商用船在冰岛出现，它就是冰岛的"闪电号"赏鲸船。"闪电号"赏鲸船由冰岛当地的 3 家公司——研究氢燃料电池的冰岛氢能公司、从事赏鲸活动的旅游公司和冰岛新能源公司联合设计制造，由此拉开了氢能应用的新序幕。在这艘赏鲸船上装备有冰岛氢能公司设计的船用氢能系统：内部的混合动力系统由一个储氢罐和一套 48 V 直流电池系统组成，储氢罐通过电源线与燃料电池相连，电池系统通过栅极将电能转换为鲸船行驶的能量。氢能系统的工作原理就是燃料电池从储存系统中提取氢，再将之转换为电能，利用氢能源替代石油进行发电，为船舶提供辅助动力。

"闪电号"赏鲸船个儿不大，船上的氢能系统只是为支持电网运行和辅助发动机提供动力，氢能发电主要用于照明和做饭等，但对赏鲸活动作用却很大。当船员发现附近有鲸鱼时，他们就关闭主发动机，为游客创造安静的环境，让他们倾听这些哺乳动物游泳和击水的声音。"闪电号"赏鲸船上装备氢能系统，证明了可以在船上使用氢能，接下来将要改造游船的推进系统，这样一来整个航程都能使用氢能。"闪电号"赏鲸船上装备船用氢能系统，是对石油燃料的"海上霸主"地位的挑战。冰岛还想通过此举，实现冰岛全部的渔船采用氢能源的梦想，这一创举将为冰岛赢得世界上第一个"氢经济"国家的美誉添分。目前，冰岛已经用氢能源部分取代了汽车上的柴油和汽油，陆上交通已经开始"氢化"。

世界第一艘采用再生能源和氢气作为动力的环保船"海之阳光动力"号（见图 1.28）首创性地在船上通过分解海水制造氢气。该船载有的绿色技术，使"海之阳光动力"号采用零排放能源，无限为自身提供动力，在航行时，完全不必使用化石燃料。

图 1.28　"海之阳光动力"号船

另外，美国、欧盟和日本数家汽车制造商都致力于开发使用氢的汽车。目前以运输为目的的氢动力的研究正在世界各地测试，如葡萄牙、挪威、丹麦、德国、日本和加拿大等国。

3.制氢能手——细菌

日本发现了一种名叫"红鞭毛杆菌"的细菌，该细菌是制氢能手。以玻璃器皿作为培养皿，淀粉作营养原料，再加入一些其他营养素制成的培养液，即可方便地培养出"红鞭毛杆菌"。在培养过程中，玻璃器皿内会产生氢气。"红鞭毛杆菌"的制氢效率很高，每消耗 5 mL 淀粉营养液，可生成 25 mL 的氢气。此外，美国宇航部门准备把一种可以进行光合作用的细菌——红螺菌带到太空中去，用红螺菌产生的氢气作为能源供航天器使用。红螺菌的生长繁殖很快，培养方法简单方便，既可在农副产品废水废渣中培养，也可以在乳制品加工厂的垃圾中培育。

（四）氢能利用及燃料电池产业现状与趋势分析

国际氢能源委员会发布的《氢能源未来发展趋势调研报告》显示，预计到 2050 年氢能源需求将是目前的 10 倍。预计到 2030 年，全球燃料电池乘用车将达到 1 000 万～

1 500 万辆，市场潜力巨大。许多国家力图通过发展氢能来解决能源安全，并掌握国际能源领域的制高点。目前，氢能在日、美、欧发展迅速，在制氢、储氢、加氢等环节出现了很多创新技术，基于氢的燃料电池技术也获得了新突破。

1. 制氢：可再生能源制氢项目增多，电网协同效应得到重视

制氢的过程要消耗能源，这也是氢能受到一些诟病的根源所在。破解此问题的一个重要方法是用可再生能源制氢，尤其是将本来弃掉的风电、太阳能发电转化为氢较为经济。《BP 世界能源展望》（2017 年版）中预计，到 2035 年可再生能源的增长将翻两番，其中发电量增量的 1/3 源自可再生能源。利用可再生能源制取氢气开始备受关注，可再生能源制氢研究成果及示范项目也在不断涌现。

可再生能源的间歇性导致弃风、弃水、弃光现象十分严重，通过将风、光、电转化为氢气，不仅可解决弃能问题，还能利用氢气再发电增强电网的协调性和可靠性。日本东北电力公司和东芝公司合作，从 2016 年 3 月开始实验利用太阳能电解水制氢，再由获得的氢进行发电。丰田提出了从生物和农业废料中制氢的技术路线。德国推出了 Power to Gas 项目，即收集用电低谷时可再生能源的剩余电力，通过电解水的方式制造氢气，再将生成的氢气注入天然气管道中进行能源的储存。随着此类项目的增多，电网的协同效应逐步得到重视。

2. 储氢：液氢储运或将成为发展重点

氢能的存储是氢能应用的主要瓶颈之一。据统计，美国能源部所有氢能研究经费中有一部分是用于研究氢气的储存。总的来说，氢能产业对储氢系统要求较高，着重要求储氢系统安全系数要高、容量大、成本低、使用方便。从目前储氢材料与技术的现状来看，主要有液体储氢、高压储氢、金属氢化物储氢、有机氢化物储氢及管道运输氢等。

现阶段液氢储运逐渐成为研发重点，日、美、德等国已将液氢的运输成本降低到高压氢气的 1/8 左右。日本将液氢供应链体系的发展作为解决大规模氢能应用的前提条件，基本思路是用澳大利亚的褐煤为原料生产氢气，通过碳捕捉实现去碳化，然后通过船舶运回日本使用。为了支撑液氢供应链体系的发展，解决液氢储运方面的关键性技术难题，企业积极地投入研发，推出的产品大多已经进入实际检验阶段，如岩谷产业开发的大型液氢储运罐，通过真空排气设计保证了储运罐高强度的同时实现了高阻热性。

3. 加氢：加氢站建设速度加快，混合站日益增多

加氢站作为燃料电池汽车的配套基础设施，随着燃料电池车辆的推广应用，其建设与推广也受到了重视。目前，液氢加氢站已遍布日本、美国及法国市场，全球加氢站中有近 1/3 以上为液氢加氢站，我国的液氢工厂也发展迅速。据 H2stations.org 统计，2016 年全球新增 92 座加氢站，其中 83 座是对社会开放的，另外 9 座则是专门为公交车或车队客户提供服务。从地区分布角度来看，日本新增 45 座，增长数量位列榜首；北美新增 25 座，其中 20 座位于加利福尼亚州；欧洲新增 22 座，德国占 6 座，另外，德国还

有 29 座加氢站正在建设或即将开放。为了适应规模化运营的需要，加氢站运营呈现集成化、模块化发展的新趋势，混合站数量逐渐增长。混合形式从独立式加氢站、加油站并设加氢站，发展到加油站、加气站、加氢站三站合一，以及与便利店并设、与充电桩并设的加氢站，为燃料电池汽车的普及提供了更多样化的基础设施解决方案。

4. 技术：核心部件成本显著降低，新型催化剂成研发重点

日本九州大学研发出的可以在不同 pH 值环境下分解氧化氢和一氧化碳的催化剂，该催化剂是含有独特"蝴蝶"结构的镍和铱金属原子的水溶性络合物，可以模拟两种酶的功效，酸性介质中的氢化酶（pH 值为 4 ~ 7）和碱性介质中的一氧化碳脱氢酶（pH 值为 7 ~ 10），能有效避免催化剂中毒并提高氢能的生产效率。

非铂催化剂的研发被认为是低成本工业规模制氢的基础。宾夕法尼亚大学和佛罗里达大学联合研发了非铂催化剂，即在二硫化钼中添加石墨烯、钨合金，可以使电解水反应高效进行，与铂催化剂的作用相同，但成本却得到了大幅度降低。降低铂用量的催化剂技术也陆续出现突破。查尔斯理工大学和丹麦科技大学联合研究的纳米合金催化剂可以有效降低铂用量，在一定程度上解决了燃料电池商业化的瓶颈。

5. 应用：家用分布式燃料电池系统发展迅速

分布式燃料电池系统目前分为重整制氢式燃料电池系统（多以天然气为原料）和纯氢燃料电池系统。近年来，前者在欧洲、美国及日本发展迅猛，尤以日本的普及率最高。日本引入家用燃料电池系统后将能源利用率提高到 95%，截至 2016 年年底，日本已经累计推广 20 万台，日本政府的目标是到 2030 年累计推广 530 万台。在分布式燃料电池的细分领域里，松下公司的产品既涵盖独立住宅用产品，也包括楼房式住宅产品。今后的研发目标是改善电力融通性（指各家各户间可以相互电力交易，不通过电网实现自由交换）、增加附加值。楼房式住宅用燃料电池兼具抗震、防风及防爆特性，可以通过多种组合设计应对不同楼宇的实际情况，同时具有应急电源功能，通过调节各家庭的电力需求进一步提高分布式燃料电池的附加值。

6. 产业：企业联合攻克成本难题

燃料电池汽车技术已趋近成熟，但距离商业化推广仍然存在一定距离，其中最大的制约因素就是成本问题。单靠一家企业很难实现快速降成本，企业间的合作日益增多。通用和本田 2017 年年初宣布投入 4 000 多万美元（约合两亿人民币）成立合资公司（FCSM），用于建设燃料电池电堆的生产线，对氢燃料电池系统进行量产，这是汽车行业内首家从事燃料电池系统量产业务的合资公司。计划量产的产品为燃料电池及相关系统。两家公司生产出来的燃料电池不仅用于汽车，也将尝试应用于军事、航空及家用领域。丰田与宝马也签署了 FCV 合作协议，丰田提供燃料电池等技术，宝马提供汽车轻量化等技术。日产和戴姆勒及福特联合开发价格合理的燃料电池汽车，共同加快燃料电池汽车技术的商业化。

第二章 低碳经济下新能源发展战略选择

第一节 低碳经济下新能源产业

能源是经济和社会发展的动力和重要基础。历经千百年的发展，全球形成了以化石能源为主的能源消费结构。特别是工业化以后，能源的需求迅速增长。化石能源是有限资源，且其燃烧后向自然环境排放大量的二氧化碳、二氧化硫等有害物质，造成全球气候变暖，生态环境恶化，甚至威胁全人类的生存环境。伴随人类社会的飞速发展，对化石能源的需求也在不断增加，造成与化石能源相关的问题越发严重。2003 年，英国政府发表《我们未来的能源：创建低碳经济》，它被称为《能源白皮书》，书中首次提出了"低碳经济"的概念。目前，"低碳经济"的理念已经被世界各国接受，各国均制定了"低碳经济"下的经济发展战略、能源发展战略等，旨在解决化石能源枯竭与环境污染问题。

《能源白皮书》并没有对"低碳经济"做出确切的定义和标准。林伯强认为，"低碳经济"可描述为尽可能最小量排放温室气体的经济体。张世秋认为，低碳经济是超出减少碳排放量的多层次概念，其核心是节能减排，第一层次是指在能源生产和消费环节中，尽量采用相对碳排放量少的可再生能源，如太阳能、风能等；第二层次是指通过提高生产环节的效率，使得生产单位产品所消耗的能源减少，降低最终产品的碳排放量；第三层次是指在生产、消费等环节中，以节约的方式和行为进行社会活动，尽量使用环保的产品和服务。最近，一些学者将低碳经济做了更为具体的概括，认为"低碳经济"主要是指通过技术创新、制度创新和发展观的转变，以低能耗、低排放、低污染为基本特征，最大限度地减少煤炭和石油等高消耗的经济，降低温室气体排放量，减缓全球气候变暖，实现经济社会的清洁与可持续发展。

一般来说，低碳经济是指通过技术创新、管理创新、制度创新、工艺创新等途径，提高传统能源的利用效率，降低温室气体的排放，开拓新兴能源，缓解化石能源压力，促进经济集约发展，形成低能耗、低排放、低污染、可持续发展模式。也就是说，"低碳经济"是一种由"高碳能源"向"低碳能源"过渡的经济发展模式，是人类为了修复地球生态圈的碳失衡而采取的自救行为。"低碳经济"的核心是以市场机制为基础，通过制定和创新制度框架和政策措施，形成明确、稳定和长效的引导和鼓励机制，推动和提高能效技术、能源节约技术、可再生能源技术和减排温室气体技术研发和技术开发水平，进而促进整个经济社会朝着高能效、低能耗和低碳排放的模式转变。

低碳经济的实现依赖于切实降低单位能耗的低碳排放量（碳强度），控制 CO_2 排放量的增长速度，降低单位经济增长带来的碳排放量，改变人们传统的高碳消费结构，真正减少人类对化石能源的依赖，实现绿色经济增长。作为新的经济发展模式，低碳经济需要借助市场机制的作用，在政府引导下，形成对高碳排放、高污染企业或行业行为的有效约束。通过新技术的采用，提高传统能源的使用效率，同时开辟新能源、清洁能源弥补能源缺口。事实上，无论人类是否面临温室效应，都应将节能减排作为能源战略的核心。化石能源的有限性是人类经济和社会发展的硬性约束，化石能源即将枯竭是不可逆转的趋势。为此，发展新能源，是解决能源问题的根本所在，也是发展低碳经济的核心任务。

从国际发展实践来看，各国均从立法开始，以技术研发作为低碳经济转型的核心推动力，在法律和技术的双重支撑下引导各自国内新能源发展，助推低碳经济增长。发展新能源是降低传统能源使用量、降低碳排放的直接措施，它构成了低碳经济的主要方面。

欧盟在 1997 年颁布了可再生能源发展的白皮书，书中指出：到 2050 年，要实现可再生能源占整个欧盟能源构成 50% 的宏伟目标。英国作为低碳经济的倡导者，一直是积极推动发展低碳经济的国家。2007 年，英国颁布全球首部《气候变化法案》，该法案在 2008 年开始实施。英国成为世界上第一个拥有气候变化法的国家。2009 年，英国又成了世界上首个立法约束"碳预算"的国家。同年，英国政府颁布了《英国低碳转型计划》，英国的能源部门、商业部门和交通部门等还在当天分别公布了《英国可再生能源战略》《英国低碳工业战略》《低碳交通战略》等一系列配套方案。

2004 年，日本发起了"面向 2050 年的日本低碳社会情景"的研究计划，直至实现低碳社会的目标。此后，日本先后发布了《面向低碳社会的十二大行动》《绿色经济与社会变革》等方案，强化日本发展低碳经济的目标。2005 年，美国通过了《能源政策法》，又分别于 2007 年和 2009 年通过了《低碳经济法案》和《美国清洁能源安全法案》。这些法案的提出，充分体现了各国政府对发展清洁能源技术和低碳经济的强大决心。

我国经过 30 多年的经济发展，以化石能源为主的能源生产和消费规模不断增加，国内资源环境约束凸显，迫切需要大力发展新能源，加快推进能源转型。当前，以新能源为支点的我国能源转型体系正加速变革。大力发展新能源已经上升到国家的战略高度，顺应了我国的能源生产、消费革命的发展方向。自 2017 年年初国家能源局发布的政策中，从国家能源局《关于印发 2017 年能源工作指导意见的通知》《2017 年能源领域行业标准化工作要点》，到《能源生产和消费革命战略（2016—2030）》《关于公布首批"互

联网 +"智慧能源（能源互联网）示范项目的通知》，再到《能源体制革命行动计划》，这一系列密集政策的出台，体现了政府对创新能源的科学管理模式，推动能源改革和消费革命，同时构建清洁、低碳、安全、高效的现代能源体系的决心。

近年来，我国大面积的重度空气污染、雾霾成为全社会关注的焦点，雾霾不仅严重威胁居民的健康和日常生活，还直接降低了整个社会的幸福指数。频发的雾霾天气反映的深层次问题是不合理的能源结构和效率低下的能源使用。长期以来，我国受着富煤少油的困扰，在能源结构中，一直以化石能源特别是煤炭资源为主，其生产和使用方式粗放，日积月累造成了目前严重的环境问题。与此同时，我国还面临严峻的"低碳减排"压力，中国政府在哥本哈根会议上承诺，2020 年我国的碳排放量要比 2005 年减少40% ~ 45%。在此背景下，能源结构调整是解决当前环境污染问题，实现低碳减排目标的必然选择。据《BP 世界能源统计年鉴》（2016 版）显示，2015 年中国能源结构中，煤炭占 63.7%、原油占 18.6%、天然气占 5.9%、核能占 1.3%、水电占 8.5%，而美国的能源结构中，煤炭占 17.4%、原油占 37.3%、天然气占 31.3%。由此可知，我国的能源结构急需调整，必须加快核电、风电、太阳能等清洁能源的开发和利用，逐渐减少煤炭、石油等化石能源应用的比重。

调整能源结构，实现低碳经济不可能一蹴而就，新能源在开发利用过程中仍存在诸多问题，且当前新能源的开发利用成本都大于传统能源，新能源产业的发展与传统能源产业相比，会面临更多的困境和挑战。在此背景下，政府必须充分发挥其立法、宏观调控职能，对能源产业的推广和发展提供导向引导，刺激加快传统能源产业向新能源产业的演化，促进引导能源结构的调整和经济结构的转型。

在完善立法的同时，各国均以低碳技术研发作为重点，加大研发资金投入，动员多方主体进行技术革新，引领低碳经济潮流。欧盟各国一直都以研制、开发廉价、清洁、高效和低排放的能源技术为目标，并将发展低碳发电技术作为减少 CO_2 排放量的关键。通过建设一系列的低碳发电站，同时加强发展清洁煤技术、收集和储存分子技术等研究项目的资助力度，刺激并促进以低碳技术为主导的产业，推动欧盟各国产业结构的不断调整。日本投入巨额资金来助力低碳经济的发展，促使日本在新能源技术领域走在世界的前沿。据日本内阁府 2008 年公布的数据，在科技研发的预算中，仅单独立项的环境能源技术的开发的费用近 100 亿日元，其中创新型太阳能发电技术的预算为 35 亿日元。目前，日本的综合利用太阳能技术、隔热材料技术、废水处理技术、热电联产系统技术和塑料循环利用技术等均处于世界领先水平。美国是世界上低碳经济研发投入最多的国家，为促进企业的技术创新，美国成立了专门的国家级低碳经济研究机构，专门为从事低碳经济的相关机构、企业提供技术指导、研发资金等方面的支持。

美国政府一直以来都以超前的眼光看待未来的战略产业布局，早在小布什政府的时候，美国就把对未来战略产业的设想纳入国家的宏观规划，并把目标锁定在以新能源为核心的新兴战略产业上。2005年8月，布什总统签署了新能源法案，该法案提出给予能源生产商上百亿美元的税收优惠补贴，其中72%都用于可再生能源的研究和开发。美国计划在20年内实现以新能源代替从中东石油进口量的75%，到2040年，美国实现每天用氢能源取代1 100万桶石油。2007年，美国通过了《美国能源独立与安全法》，该法案计划到2025年，美国的清洁能源技术和能源效率技术的投资规模将达到1 900亿美元，其中的900亿美元投入提升能源效率和可再生能源的开发领域，600亿美元用于研发碳捕捉和封存技术，200亿美元用于研制电动汽车和其他先进技术的机动车，另外200亿美元用于基础性的科学研发。

在法律规范和技术研发的双重保障下，发展新能源构成了各国发展和实现"低碳经济"的主要内容。针对低碳经济社会建设，日本政府提出了详尽的目标，即将2020年较2005年温室气体排放量减少15%作为减排的中期目标，到2050年实现温室气体排放量比现阶段减少60%～80%作为其长期目标；2020年实现70%以上的新建住宅安装有太阳能电池板，相应太阳能的发电量提高到目前水平的10倍，到2030年实现提高到目前水平的40倍。1997年欧盟颁布的可再生能源发展白皮书，提出了整个欧盟到2050年实现可再生能源在国家的能源构成中占比达到50%的目标。2009年英国公布的"碳预算"中提出了2020年实现可再生能源供应占比15%的目标，温室气体的排放量要降低20%。

相对而言，发展新能源是节能减排重要而有效的手段，其对传统能源的代替作用将在未来逐步实现。但是若要实现风电、太阳能等新能源的大规模开发，仍有许多问题需要解决，如并网、调峰、储能等。在短期内，风电等新能源还难以替代传统能源成为世界能源消费的主流。为此，必须摆正新能源发展在低碳经济发展中的战略地位，以技术创新推动新能源发展，降低新能源使用成本，解决新能源使用中的一系列技术和管理难题，切实发挥新能源产业发展对减排降耗的作用。

第二节　世界新能源产业的发展状况

生态环境、能源安全、气候异常等问题受到国际社会的日益重视，减少使用化石能源，加快开发和利用可再生的清洁能源已成为全世界人们的普遍共识和一致行动。能源转型是目前世界各国能源发展的大趋势，实现化石能源体系向低碳能源体系的转变是全球能源转型的基本趋势，最终进入以可再生能源为主的可持续能源时代。2015年，全球的可再生资源发电新增装机容量首次超过常规能源，标志着结构转变正在全球电力系统中发展。

新能源发电的快速崛起，与世界各国日益重视环境保护，倡导节能减排密切相关。从世界新能源发展的实践来看，风电、光伏作为最为清洁的能源，受到全球青睐，各国纷纷出台鼓励新能源发展的措施，促进了风电、光伏等新能源的发展。同时，技术的进步和新能源发电成本的快速下降是其崛起的另一个重要推动力。

一、世界风电发展状况

（一）世界风电发展总体情况

风电作为技术成熟、环境友好的可再生能源，已在全球范围内实现大规模的开发应用。丹麦早在19世纪末便开始着手利用风能发电，但直到1973年发生了世界范围的石油危机，因石油短缺和用矿物燃料发电所带来的环境污染问题的担忧，风力发电才重新得到了人们的重视。此后，美国、加拿大、英国、德国、丹麦、荷兰、瑞典等国家均在风力发电的研究与应用方面投入大量的人力和资金。至2016年，风电在美国已超过传统水电成为第一大可再生能源，并在此前的7年时间里，美国风电成本下降了近66%。在德国，陆上风电已成为整个能源体系中最便宜的能源，且在过去的数年间风电技术快速发展，更佳的系统兼容性、更长的运行时间（h）以及更大的单机容量使得德国《可再生能源法》最新修订法案（EEG2017）将固定电价体系改为招标竞价体系，彻底实现风电市场化。在丹麦，目前风电已满足其约40%的电力需求，并在风电高峰时期依靠其发达的国家电网互联将多余电力输送至周边国家。从世界风电新增装机容量来看，进入21世纪以来，除2013年和2016年环比下滑外，其他年度风电新增装机容量基本呈现逐年递增趋势，如图2.1所示。

无论从装机容量还是新增装机容量来看，中国都稳居榜首，美国位居第二。中国的新增装机总量占世界新增装机总量的42.8%，已成为全球风电产业发展的中坚力量，具体数据见表2.1。但从技术发展程度上来看，德国、西班牙、丹麦等国仍是风电技术先进的国家。最近几年，我国在风电设备技术领域研发投入逐年增加，已拥有数个自主知识产权的风电机组，在国内市场上的比重越来越大。然而，我国风电起步晚，早期的技术研发进展缓慢，国内风电技术与发达国家相比仍存在一定的差距。

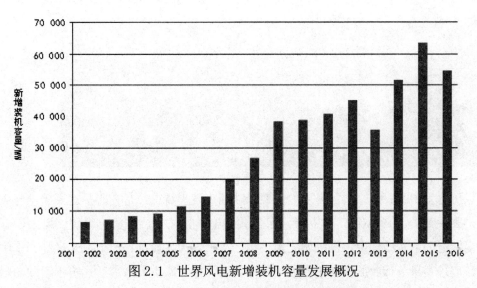

图 2.1　世界风电新增装机容量发展概况

表 2.1　2016 年全球风电装机容量及新增装机容量

国家	中国	美国	德国	印度	西班牙	英国	法国	加拿大	巴西	意大利
新增装机容量 / MW	23370	8203	5443	3612	—	732	1561	702	2014	—
占比 / %	42.8	15.0	10.0	6.6	—	1.3	2.9	1.3	3.7	—
累计装机容量 / MW	168732	82184	50018	28700	23074	14543	12066	11900	10740	9257
占比 / %	34.7	16.9	10.3	5.9	4.7	3.0	2.5	2.4	2.2	1.9

（二）主要风电国家举例

1. 丹麦

丹麦人口不到 600 万人，却是世界发电风轮生产大国和风力发电大国，丹麦风力使用比率一直位居世界前列。据丹麦风电协会 2010 年 1 月 25 日发布的数据，2009 年丹麦的西门子风电公司和威斯塔斯风电系统公司几乎供应了欧洲海上风电场装机容量的 90%，人均风能拥有量居世界首位。近年来，随着各国风电产业的不断发展，丹麦风电设备企业的市场占有率虽略有下降，但仍排名前列，丹麦的风电场景如图 2.2 所示。

图2.2　丹麦的风电场景

以历史发展的眼光来看，丹麦的能源以缺油少气为特点，丹麦很早就开始进行风力发电的相关研究。1918年，丹麦开始在公共设施中尝试安装风机，很快，风力发电便在丹麦的电力消费结构中占据一席之地。第二次世界大战以前，风电成本过高，技术很难突破，丹麦风电行业的发展一直处于停滞状态。第二次世界大战后，迫于紧张的国际石油局势，丹麦政府非常重视并设立专项经费支持风力发电研发。石油危机期间，依靠能源进口的丹麦开始对本国的能源规划和能源结构进行大刀阔斧的调整，并开始对风力发电产业的发展进行规划，由政府出资成立风力发电设备研究小组，全面考察全国的风力资源状况、风电场情况等，并进行了风力机空气动力学方面的基础研究，同时还制定了优惠政策，以利于和刺激中、小型风力发电机组的推广应用。随后，丹麦政府又制订了可再生能源的能源研究和发展规划，该规划明确指出发展以风电为主的新能源战略。另外，面临严重环境污染的压力，丹麦政府选择风电也是其对生态和环境保护做出的有利贡献。在风电成本居高不下的背景下，研发一直被视为丹麦电力公司发展的核心，最终成功研制出具备世界领先水平的风电机组，使其风电设备业占据了先机，并掌握了风电发展的主动权。这些成果与政府的大力支持和政策扶持密不可分。

丹麦的风机制造业方面一直处于世界前列。2003年前，丹麦的风机一直占据半数以上的世界风机市场份额。该优势主要得益于丹麦早期给风机制造商提供的优惠政策，刺激并帮助威斯塔斯等机械制造商加快市场开拓，夯实市场基础。随后投入大量的人力、物力进行风电产业的技术研发，抢占世界风机设备的发展先机。总之，丹麦的风电发展世界领先，风电设备技术更新发展迅速，风电研发、制造等始终保持世界领先，同时在海上风电领域的开发与发展上也抢得先机。丹麦风电目标规划长远，1991年便成功建成世界首个商业化海上风电场，预计到2030年丹麦的风电站点比重超过50%。

风电的快速发展与丹麦政府的全方位支持密切相关。丹麦政府一直以积极的态度发展风电产业，并以强力的能源扶持政策作为支撑。1976—2004年，丹麦政府先后发布了5次能源规划，逐步确立了发展新能源的目标，特别是确立了风力发电在电力产业中的重要地位。

在财政政策方面，丹麦政府为风电产业的发展提供了全面的优惠和补贴政策，刺激并加速了丹麦风电产业的早期发展。

在可再生能源发展规划中，丹麦政府明确了对风电设备安装的补贴政策，顺利解决了早期风机设备成本过高引发的市场瓶颈问题。对风电上网环节，丹麦政府制定了强制的上网政策，并对风电上网部分进行补贴。同时，丹麦政府提出了一系列降低碳排放的电力改革方案，意在对超额排放的电力公司进行处罚，实现了电力的节能减排。补贴与处罚相结合的政策，再配合其强制上网的政策，促使电力公司引进清洁电力以降低自身碳排放量，这一系列举措促使风电规模的增加。

在风机制造产业中，丹麦政府提供了稳定的政策环境和优惠的政策支持。首先，丹麦政府在风机制造业发展早期为产业的技术研发提供资金支持，同时制定严格的质量标准体系，并结合直接补贴和对外援助等方式促进风机制造业的快速发展。其次，为稳定风电价格，丹麦政府主要采取了为风电产业提供补贴和吸引投资两种举措，为风机制造业开辟了稳定的市场。另外，丹麦政府还给本国制造企业的海外市场开发提供担保，为风机企业提供长期的融资和贷款，进而刺激丹麦风机产业拓展开发世界市场。

此外，丹麦政府鼓励私人资本资助风电产业。在丹麦，私人电力公司一直在电力工业中占据一定位置。在风电产业开发过程中，政府也鼓励私人产业的发展，同时，还鼓励地方政府或社区作为风电产业项目的业主，进而形成"当地建设、当地投资、当地使用"的便利模式，不仅降低了运输成本，节约了电能，还对丹麦风电产业的发展起到了有效促进的作用。

2. 西班牙

西班牙是继德国、丹麦和英国之后的欧洲第四风电大国。西班牙政府主要通过实施风电溢价制度、调整电源结构、强化系统调峰能力、应用风力预测技术、建立可再生能源电力控制中心、加强电网建设规划等手段，不仅推动了风电的快速发展，还保障了电网的稳定运行。

西班牙政府非常重视风电技术的研发和风力机械制造业的发展，自20世纪90年代以来，西班牙风电发展异常迅猛，2009年年底，其风电装机容量为1 826万kW，2015年累计装机容量达23 025 MW。西班牙风电产业的迅速发展，主要是因为西班牙政府的能源长期发展规划和有关扶持政策。西班牙采取国家补贴与地方政府支援相结合的方式大力支持风电及相关行业的发展。节约与有效利用能源规划是西班牙补贴政策的依据，政策中明确规定对再生能源的发展提供补贴。资料表明，自1991年起，西班牙政府就对风电从业者给予投资补助，再加上地方政府的支持，西班牙风电发展日益迅速。2014年，西班牙制定了"特殊再分配措施"新规，取消对风电场开发商的固定上网电价补贴，取而代之的是年固定补偿款。

3. 美国

美国的风电资源非常丰富，陆地上的风电资源约为11 000 GW，约相当于200亿桶石油的能量,海上风电资源约为 4 150 GW。美国风电装机分布较广,主要分布在中西部地区以及太平洋和大西洋沿岸海域,如西部的加州和华盛顿州、南部的得克萨斯州、中部的科罗拉多州和北部的明尼苏达州。全美有 14 个州的风电装机超过 100 万 kW,其中得克萨斯州的风电装机最多。而人口相对集中的东部、西部地区的风力资源相对匮乏,具体如图 2.3 所示。

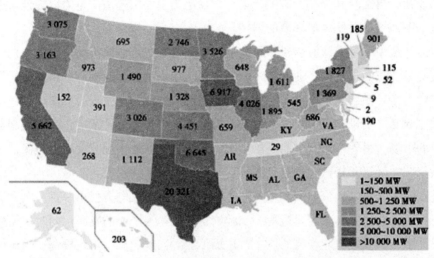

图 2.3　美国各州风能装机容量分布

美国风力发电始于 20 世纪 70 年代。受到当时石油危机的影响,能源价格飙升,美国的加利福尼亚州开始发展风力发电产业。到 1986 年,加利福尼亚州风电装机容量已达到 1.2 GW,占当时全球风电装机总量的 90%。但是,20 世纪 80 年代中期之后,受到世界石油价格下跌和政府经费削减的影响,美国风电产业发展缓慢,到 2004 年,全美风电装机累计总量只有 6.6 GW。

进入 2005 年后,美国的风力发电进入快速发展时期,年均增速超过 30%,年均投资超过 150 亿美元。2009 年和 2010 年,美国新增风电装机量分别达 10 GW 和 5.2 GW。到 2016 年年底,美国风电累计装机总量已达 84.94 GW(见图 2.4)。风电已成为仅次于天然气的新增电力来源。但是,美国能源的风电比例依然比丹麦、德国等欧洲国家低,美国的风电产业具有巨大的发展空间。

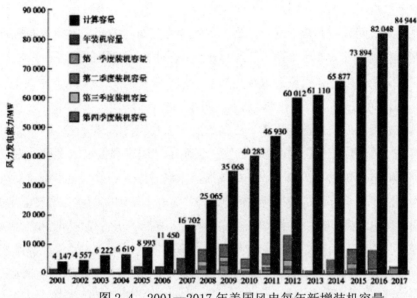

图 2.4　2001—2017 年美国风电每年新增装机容量

美国风电的快速发展，一方面得益于全球可再生能源的兴起；另一方面离不开美国政府风电扶持政策和风电技术的进步。美国政府对风电的发展一直采取扶持的政策。1992 年，美国出台"能源政策法案"，该法案鼓励发展风能、太阳能、生物质能和地热能等可再生能源，并给予税收抵免补贴。2009 年，美国政府通过了"美国再投资和经济复苏法案"，该法案确保了风电等可再生能源产业更多的优惠政策，2009—2012 年投产风电项目可以申请项目建设成本 30% 的财政现金补助，还可以申请项目建设成本 30% 的投资税收减免以及生产税收抵免补贴等。从 2011 年以来，美国的风电价格保持在等于或低于长期天然气价格预测。近年来，美国国内生产的风能的价格已经低于 20 美元 /（MW·h），即低于 2 美分 /（kw·h）。

尽管如此，美国风电业的发展也困难重重。风电入网难，美国地平线风能公司 2008 年斥资 3.2 亿美元建成了枫树岭风电场，但因该区域电网过于拥挤，该装备了 200 个风轮的风电场被勒令关闭。另外，近几年，美国明尼苏达州投入大量的人力、物力发展风电并网项目，但"地方割据"严重，电网系统非常分散，彼此之间连接薄弱，造成该州风电的结局是电网工程仅将水牛岭风电站 22 MW 发电量中的 2 MW 并入电网，入网电量不足 10%。目前，虽然美国已经形成了东部、西部和得克萨斯州 3 个主要的互联电网，但这 3 大电网之间仅有非同步联系。在美国，另外还有经营不同电网的 3 000 多个电力公司，这些电力公司绝大部分为私人所有。一般情况下，美国电力公司投资者拥有 80% 的公司所有权，而美国联邦能源管制委员会仅拥有 20% 的所有权，并负责规范电力的传输和销售。同时，美国地方政府的公共事业委员会也对所属区域的电力相关活动有监管权。总之，美国互相分割的电网系统和经营模式、相互之间的市场竞争模式，造成各电网间的协调合作非常困难。再加上美国电网线路陈旧，传输能力，尤其是长途传输能力非常不足，也是其风电入网难的一个原因。

美国的风电资源空间分布非常不均，风力资源大部分分布在中部高原和西部沿海地区，而人口密集且能源需求高的美国东部，约消耗占全国电力80%的能源，风电资源却很少。即使在同一个州内，风电资源也很不均匀，如在得克萨斯州，西部高地和高原地区的风力最丰富，而达拉斯和霍斯顿等大城市则在100 km以外。美国风力资源的空间错位状况给其电力资源的长途输送提出了更高的要求。为应对和解决这一困难，美国联邦政府能源部在2005年推出了新的能源法案，提出了"国家利益输电走廊计划"，意在解决跨州的区域电力传输。2007年，依据能源法案和"国家利益输电走廊计划"，美国能源部首次划定了两个首批"国家利益输电走廊"，一个是中大西洋地区输电走廊，另一个是西南地区输电走廊。其中，中大西洋国家输电走廊涵盖了特拉华州、俄亥俄州、马里兰州、新泽西州、宾夕法尼亚州、弗吉尼亚州、华盛顿特区等，主要将北部及西部的风力发电富集地区和纽约、新泽西和马里兰等负荷较大的地区连接起来。西南地区输电走廊主要把太阳能和地热资源广泛分布的加利福尼亚东部沙漠、亚利桑那、内华达等州与作为美国西南的负荷中心的洛杉矶和圣地亚哥地区联系起来。时任美国总统奥巴马为促进电网的统一和智能化，在2008年后力推智能电网工程，以增强电网对可再生能源电力的吸纳和调配能力。得克萨斯州和加利福尼亚等州也结合自身特色，在风电存储和入网领域进行了积极有效的探索。

在促进电网吸纳风能等可再生能源电力方面，美国联邦和州政府等主要采取了3个方面的应对策略：一是在可再生能源资源含量丰富的地区设置特区或竞争性区域，大规模建设输电线路，促进新能源电力由资源集中地区向消耗集中地区输运；二是加快发展智能电网工程，加强电力消费需求规划，优化电力检测、控制和调度，增强电网对清洁能源电力的消化和调配能力；三是为平衡和补充可再生能源电力的间歇性问题，积极研发各种能源存储技术。可再生能源技术、储能技术和智能电网建设互为支撑，共同构筑美国可再生能源战略基石，构建未来美国全球经济和科技的核心竞争力。

4. 巴西

巴西是全球主要风电市场之一，拥有世界最高的风力发电容量系数，该国的装机容量已达9 GW，每年可吸引约24亿美元的新建项目投资。巴西的各类能源及电力结构中，水电占比约70%，但受天气变化影响和水电建设破坏当地雨林生态的不足，其风电发展迅猛。巴西政府在2002年启动了"替代电力能源激励计划"，采取固定电价的方式促进风电等可再生能源的迅速发展。不过，该计划投资力度有限，风电发展进步缓慢。按照巴西风电规划，到2020年，风电产业占国家全部装机的7%。

5. 中国

我国幅员辽阔、海岸线长达32 000 km，拥有非常丰富的风能资源（见图2.5、图2.6），具备巨大的风能发展潜力。根据 2014 年国家气象局公布的评估结果，我国陆地 70 m 高度风功率密度达到 150 W/m² 以上的风能资源技术可开发量为 72 亿 kW，风功率密度达到 200 W/m² 以上的风能资源技术可开发量为 50 亿 kW；80 m 高度风功率密度达到 150 W/m² 以上的风能资源技术可开发量为 102 亿 kW，达到 200 W/m² 以上的风能资源技术可开发量为 75 亿 kW。

目前，我国已成为全球风力发电规模最大、增长最快的市场。根据全球风能理事会（Global Wind Energy Council）统计数据，从 2002 年至 2016 年年底，全球累计风电装机容量年复合增长率为 22.25%，而同期我国风电累计装机容量年复合增长率高达 49.53%，增长率位居全球第一。2013—2016 年，我国风电的新增装机容量、累计装机容量均列全球第一位。2006—2016 年，我国风电累计装机容量及年发电量见表 2.2。为了实现国家节能减排的目标，我国将继续重视清洁能源的高效利用，并着力研发新能源和可再生能源及其相关技术。风电是其中的一个重要的研发领域，未来风电行业将保持高速增长趋势。

（a）　　　　　　　　　　　（b）

图 2.5　新疆的风电场

图 2.6　上海闵行的小型风力发电机

表 2.2　2006—2016 年我国风电累计装机容量及年发电量

年份＼装机及发电情况	装机容量／（MW）	发电量／（GW·h）
2006	2599	3675
2007	5912	5710
2008	12200	14800
2009	16000	26900
2010	31100	44622
2011	62700	74100
2012	75000	103000
2013	91424	134900
2014	114763	153400
2015	129700	186300
2016	149000	241000

　　我国风电场建设始于 20 世纪 80 年代，在其后的 10 余年中，经历了初期示范阶段和产业化建立阶段，装机容量平稳、缓慢增长。自 2003 年起，随着国家发改委首期风电特许权项目的招标，风电建设步入规模化、国产化阶段，装机容量增长迅速。特别是自 2006 年开始，形成了爆发式的增长模式，装机容量连续 4 年翻番。在取得成绩的同时，我国风电产业面临的诸多问题和困境也日益显露，如风电相关的核心技术不完备、发展不平衡，同时，在产业布局、发展规划、技术创新、政策法规、标准体系等方面还存在诸多问题。另外，在实际运行中，我国风电设备质量事故频发、运行维护成本不断攀升，这说明我国的风机质量与国际先进水平仍有相当大的差距，风电设备质量和相关技术有待提高。

　　风电并网面临瓶颈也是我国风电面临的主要问题。首先，我国三北和东部沿海集中了我国风能的 95% 以上，而大部分电力需求在中东部地区，这就需要采用大规模、集中、远程、高压输送的发展模式。但风电受制于自然条件，具有明显的间歇性和随机性，无法像其他常规电源那样控制其输入和输出，进而加大了电网调度难度。特别是随着内蒙古、河北、吉林、甘肃等地风电建设规模的快速发展，配套电网设施不足的问题越发显著。其次，目前我国风电开发成本偏高，我国尚未掌握风机设备制造的关键技术，尤其是海上风电的关键技术。最后，国家扶持政策及配套体系也有待完善。我国曾出台了一些扶持政策以促进风电发展，虽然取得了良好的效果，但是目前风电产业的服务体系薄弱，现有清洁能源的税收激励机制、风电项目的招标机制、减少碳排放的补贴机制等很不完善甚至缺失；产业管理体系、产业技术标准认证体系等尚未完全建立，仍存在管理不规范、无序开发、不合理竞争等乱象，需进一步加强政策及配套体系的规范和完善。

二、太阳能发展状况

（一）太阳能电池产业

太阳能电池是指利用半导体材料形成的 PN 结的光生电动势效应（或称光生伏特效应，Photovoltaic Effect）将太阳能转换为电能的器件。具体描述为，当太阳光照射到半导体材料时，激发出自由电子和空穴，两者分别向 PN 结两侧漂移，聚集在两端电极上而形成光生电动势，若接上负载后即可产生光生电流，其工作原理如图 2.7 所示。太阳能电池中最关键和最重要的部分是半导体材料层，半导体材料层的性质优劣直接关系太阳能电池转换效率的高低。根据太阳能电池中半导体材料的种类和状态，将太阳能电池分为单晶硅、多晶硅、非晶硅、化合物半导体、薄膜型，以及染料敏化纳米晶太阳能电池和有机太阳能电池。

目前，硅晶电池和薄膜电池均得到长足的发展。世界上太阳能电池以晶体硅电池为主，占据约 90% 的市场份额。近年来，随着薄膜电池的生产技术和工艺的提升，能量转换效率有了很大提高，对于高成本的晶体硅电池而言，薄膜电池的性价比更高。2011—2016 年，我国硅片、多晶硅和电池片的产量及全球占比情况如图 2.8—图 2.10 所示。在晶硅电池中，标准晶硅电池产量约占世界总产量的 75%；高效单晶硅电池产量约占总产量的 6%。在薄膜电池中，非晶硅电池产量约占总产量的 7.47%，碲化镉（CdTe）太阳能电池的产量约占总产量的 9.56%，而 CIGS 薄膜太阳能电池的产量约占世界总产量的 1.56%。

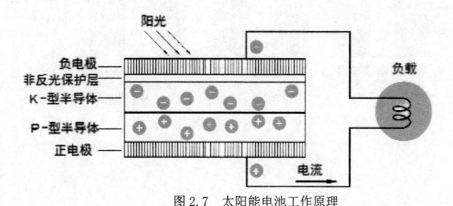

图 2.7　太阳能电池工作原理

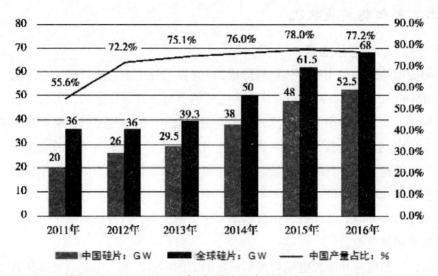

图 2.8　2011—2016 年中国硅片产量及全球占比分析

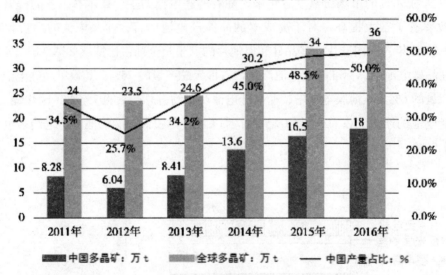

图 2.9　2011—2016 年中国多晶硅产量及全球占比分析

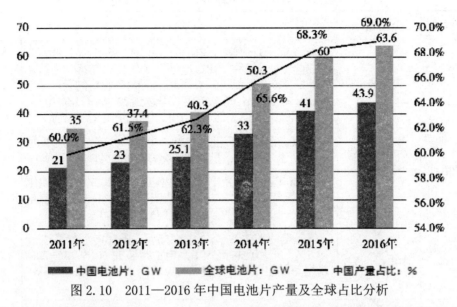

图 2.10　2011—2016 年中国电池片产量及全球占比分析

太阳能电池的历史可追溯到 1954 年 Bell 实验室的发明。2002 年以来，世界太阳能电池产业一直保持着高速增长的态势。在我国，太阳能电池产业及相关技术的研发一直被广泛关注并受到高度重视，早在"七五"期间，国家重大课题已经将非晶硅半导体的研究开发列入其中；"八五"和"九五"期间，研发的重点转移到大面积太阳能电池的研发方面。2003 年，科技部联合国家发改委制订了未来 5 年太阳能资源开发计划，其中，发改委推出"光明工程"，提出筹资 100 亿元用于太阳能发电技术的研发和应用。自此以后，我国太阳能电池行业在光伏扶贫、能源转型、鼓励发展分布式光伏以及电价补贴等措施和政策的激励下，一直保持快速发展的态势。目前，太阳能电池已在工、农、商、通信、家电以及军事领域、航天领域和公用设施等领域广泛应用，甚至在边远地区、高山、沙漠、海岛和农村也在推广使用。从长远来看，伴随太阳能电池制造技术的革新，新光—电转换技术和装置的研发制造，再加上各国对环境保护和对新型清洁能源的巨大需求，太阳能电池仍是利用太阳辐射能可靠可行的办法，有望为人类大规模利用太阳能开辟广阔的思路和前景，并且越来越被各国重视。近年来，我国太阳能电池企业在电池技术方面做了一系列有益的探索，电池技术取得了明显的进步，具体见表 2.3。

表 2.3　我国部分电池企业技术进步情况

电池类型	企业名称	技术特点
晶硅电池	天合光能	与澳洲国立大学合作研发的全背电极接触晶硅太阳能电池（简称"IBC 电池"）的光电转换效率达到 24.4%。目前已独立研制出面向产业化的面积为 156mm×156mm、光电转换效率达到 22.9% 的 IBC 电池。正积极筹备建立低成本 IBC 电池的中试验示范线
	中电光伏	采用氧化铝钝化工艺的 PERC 电池单片光电转换率达到 20.5%，批次平均效率 20.35% 以上
	晶澳	Percium 单品电池光电转换效率提升到 20.5%（背钝化和局部铝背场技术，即 PERT 技术）；Riecium 多晶电池提升至 18.3%（黑硅技术）
	中电投西安	单晶电池转化效率达到 20.55%，多晶电池最高达 19.5%。采用此种高效单品电池封装的 60 片 156-200 规格单品组件功率超过 285W，比常规组件高出 15W 以上
钙钛矿太阳能电池	青岛储能产业技术研究院	电光转换效率达到 11.3%
	惟华光能	电光转换效率达到 19.6%

　　太阳能电池相关产业的飞速发展，为人们解决环境污染和能源危机带来了曙光，但目前太阳能电池的成本和价格仍是其广泛应用的一大障碍，太阳能电池产业的进一步推广和继续发展有赖于其能量转换效率的进一步提高、生产成本的降低及生产能耗的减少。而这些目标的实现有赖于新型薄膜太阳能电池特别是钙钛矿太阳能电池的研发、电池结构的创新。这是摆在人类面前的目标和挑战。

（二）光伏发电产业

　　光伏发电主要是利用太阳能电池元件，基于光生伏特效应，将太阳能直接转化为电能的技术。离网运行（独立太阳能光伏发电系统）、并网运行（与电网相连的太阳能光伏发电系统）和混合系统是目前太阳能光伏并网发电系统的 3 种主要运行方式，即人们常说的"全部自用、自发自用余量上网、全部上网" 3 种模式。一般情况下，太阳能光伏并网发电系统主要由太阳电池板（组件）、控制器和逆变器 3 部分组成。具体解释为太阳电池组件在太阳辐射的刺激下产生直流电，该直流电经过并网逆变器进行转换，转换成符合电网要求的交流电并直接进入电网，或者由光伏电池阵列产生的电力除供应交流负载外，多余的电力并入电网。而在阴雨天或夜晚，太阳电池系统没有产生电能或产生的电能不足以供应负载需求，就改为由电网供电。太阳能并网系统是将太阳能多产生的电力直接并入电网，省去了配置蓄电池，也减少了蓄电池储能和释放过程，降低了能量的损耗，并大大降低了成本。

光伏产业是半导体技术与新能源需求相结合而衍生的产业，重视并加大光伏产业的发展对调整能源结构，推进能源生产和消费革命，促进生态文明建设具有重要意义。出于对保护环境和应对全球能源短缺现状的考虑，世界范围内的光伏发电产业均得到了快速发展。伴随光伏行业效率的提高和技术的进步，太阳能发电成本将会逐步降低，经济性上已经能和核电、水电展开竞争。近年来，世界各国表现出对光伏发电的极大热情。西班牙、德国、美国等均大力发展光伏产业，其中，德国是欧洲最大的光伏发电装机国，意大利、捷克、比利时、法国、西班牙等紧跟其后，是欧洲地区光伏发电装机较高的第二梯队国家。

就我国而言，太阳能资源十分丰富，平均每年照到我国的太阳能能量相当于 17 000 亿 t 标准煤，且具有储量丰富、长久性、普遍性、洁净安全等优点，同时也具有分散性、间断性、不稳定性、效率低等缺点。我国现有屋顶安装的分布式光伏发电系统，其市场潜力就达到 3 亿 kW 左右。使用和开发太阳能光伏发电，并结合用户需求实现分布式电力供应已成为调整能源格局的迫切需求。

表 2.4　2007—2016 年我国光伏发电累计和新增装机容量

年份	累计装机容量 / 万 kW		累计装机容量增加幅度 /%	新增装机容量 / 万 kW	
	累计装机容量	其中：光伏电站		新增装机容量	其中：光伏电站
2007	100			20	
2008	140		40.00	40	
2009	284		102.86	144	
2010	864		203.87	579	
2011	2934		239.58	2070	
2012	798.3	419.4	17.12	504.8	186.9
2013	1745		137.17	1095	
2014	2805	467	60.75	1060	205
2015	4318	3712	53.94	1513	1374
2016	7742	6710	80.00	3454	3031

受光伏技术的提升、电池组件效率的提高、制造工艺的进步及原材料价格下降等因素的影响，光伏发电成本不断下降。中国光伏行业协会数据显示，2013—2016 年，我国硅材料成本下降了 44.4%，组件成本下降了 41.6%，逆变器成本下降了 57.1%。"十三五"期间，硅基太阳能电池组件的转化效率将保持每年 0.2% ~ 0.5% 的增速。发电成本的降低有利于实现光伏平价并网，提高其市场竞争力。预计到 2020 年，光伏发电成本可降至 0.3 ~ 0.7 元 /（kW·h），部分地区可实现平价上网。成本降低还使光伏产业的利润大幅度提高，将增强其吸引资本投入的能力，推动光伏市场快速发展。现在，光伏产业已被列为我国战略性新兴产业，在产业政策引导和市场需求驱动的双重作用下，我国光伏产业发展迅速，已经成为可参与国际竞争并取得领先优势的产业。

我国光伏产业产能和产量虽然位居世界第一，但随着国内产能的增加，我国进口的光伏产品量也随之增加，这表明国内光伏产品的技术水平尚不能满足要求，生产效率较低。另外，因关键技术尚未掌握，我国的晶硅电池、薄膜电池生产线上的关键设备、辅佐材料等还依靠进口。虽然我国太阳能光伏产业正面临多种问题和挑战，但是仍保持高速的发展势头，并可参与国际竞争，在某些领域有望达到国际先进水平。这些成绩能助力我国工业实现转型升级、调整能源结构、发展社会经济、推进节能减排。再加上作为清洁能源的太阳能得到了政府的政策支持，光伏发电也成为世界各国新能源发展的重点，光伏发电产业正面临前所未有的发展机遇，特别是光伏并网发电产业的推广应用为光伏发电行业的发展带来了巨大活力。

激光器，特别是超短脉冲高性能激光器，是生产薄膜太阳能电池模块的重要工具，它不仅有助于提高产量，还有助于优化加工工艺。激光器在未来光伏产业中会有更多的应用空间，如超短脉冲和高脉冲能量的激光器可以实现晶硅太阳能电池钝化层的选择烧蚀。随着太阳能电池生产成本面临的压力越来越大，促使高性能、高功率激光器被广泛应用在大规模生产中，且超短脉冲的新型激光技术也将催生更高效的生产工艺，将来激光技术的发展和进步，必能大幅降低太阳能电池的生产成本。太阳能电池与环保、节能、高效的半导体发光二极管（LED）技术相结合，开拓出太阳能与 LED 结合的新能源绿色照明方式。为保障太阳能电池输出的电力满足电网各项指标要求，太阳能并网发电系统需要专用的并网逆变器，光伏并网发电系统的进步必将促进逆变器技术的突破，并有助于逆变器拓扑、并网电流控制、软开关等诸多关键核心技术问题的进步。

太阳能光伏产业将占据未来世界能源消费的重要位置，不仅要实现替代部分常规能源，还将成为世界能源供应的主体。预计到 2040 年，清洁能源将占总能源消耗的 50% 以上，而光伏发电将占据总电力的 20% 以上。到 21 世纪末，清洁能源将占据总能耗的 80% 以上，而光伏发电将占到 60% 以上。这些相关规划充分证明光伏产业的良好前景及战略作用。要实现规划目标，必须基于技术基础需求，研发高效、低污染、低成本的太阳能电池技术，提高大规模光伏应用技术，加强光伏发电系统集成控制技术，布局太阳能产业链系统示范工程，研发太阳能光伏发电产业关键设备。只有统筹布局、刻苦攻关，才能高质量实现规划的宏伟目标。

在大型光伏并网发电领域，国家规划在西部建设兆瓦级集中式并网发电站。如青海省利用自身优势，建成世界上规模最大的龙羊峡 850 MW 水光互补并网光伏电站（见图 2.11）、7 MW 分布式离网光伏电站及国内首座商业化运营的 10 MW 塔式太阳能热发电站。另外，在光伏建筑一体化方面，主要在北京、上海、江苏、山东、广东等发达地区进行城市建筑屋顶光伏发电试点（见图 2.12）。预计到 2020 年，全国将建成 2 万个屋顶光伏发电项目，总容量 100 万 kW。

（a）　　　　　　　　　　　（b）

图 2.11　青海龙羊峡 850 MW 水光互补并网光伏电站

图 2.12　光伏一体化房屋效果图

　　另外，美国的电子工程师斯科特布尔萨提出，在路上铺上光伏器件建造太阳能公路。该公路的核心技术是把光伏电池结合发光二极管（LED）嵌入面板中，电池将产生足够的能量为企业、城市，最终为整个国家供电，LED 光源将使"智能"公路和停车场变得可行，而且由 LED 光源组成的道路引导线、交通标志符、停车线等可以通过智能终端控制，根据实时情况做出变化调整。

三、生物质能发展状况

　　生物质能（Biomass Energy）就是植物叶绿素将太阳能转化为化学能储存在生物质内部的能量。生物质能有多种利用方式，固体生物质通过热化学转换技术转换成可燃气体、焦油等；通过生物化学转换技术将生物质在微生物的发酵作用下转换成沼气、酒精等；通过压块细密成型技术将生物质压缩成高密度固体燃料等。生物质能的来源包括能源林木、能源作物、水生植物、各种有机的废弃物等，它们是通过植物的光合作用转化而成的可再生资源。生物质能是世界第四大能源，仅次于煤炭、石油和天然气。据估算，全球的陆地每年可生产 1 000 亿 ~ 1 250 亿 t 生物质；海洋每年可生产 500 亿 t 生物质。

生物质能的年产量远超全世界对能源的总需求量，相当于目前世界年总能耗的 10 倍。

20 世纪末以来，欧美等国纷纷采取财政补贴、税收优惠、农户补助等激励政策，引导生物质能产业化发展，已取得了一定的成效。经济合作与发展组织和联合国粮食与农业组织共同发布的《2013—2022 年农业展望》曾预测：到 2022 年，生物柴油的比例将占欧盟能源的 45%，而燃料乙醇的比例也将占据美国能源的 48%。美国生物质能的开发与利用处于世界领先地位，生物质能利用占一次能源消耗总量的 4% 左右。美国从 1979 年就开始使用生物质燃料燃烧发电，为了更好地发展生物质能技术，美国国会于 2002 年通过了《发展和推进生物质产品和生物能源报告》与《生物质技术路线图》法案，并提高科研经费，同时还提出减免生物质能税收的政策。欧洲生物质能开发利用多以丰富的森林资源为基础，具有起步早、政府重视、市场运作和企业带动双重刺激等特点，主要用于供暖、发电和生物柴油等。欧盟提出，到 2020 年将实现 20% 的燃料用生物质能代替。为了应对石油危机，减少石油进口量，巴西等国大力发展生物质能技术。目前，巴西已经成为世界上最大的乙醇生产和消费国，也是世界上最大的乙醇出口国。与此同时，日本、新加坡、加拿大等国也在较早时期开始了生物质能的研发工作。

我国生物质能资源非常丰富，农作物秸秆、农业加工剩余物、林业木质剩余物资源量非常丰富。目前，我国可利用生物资源量约相当于 5 亿 t 标准煤，随着经济社会的发展和造林面积的扩大，我国生物质资源转换为能源的潜力可达到 10 亿 t 标准煤，占我国能源消耗总量的 28%。现在我国生物质能技术研发水平总体上与国际处于同一水平，在生物质气化及燃烧利用技术、生物质发电、垃圾发电等方面居领先水平，但是存在生物质能产业结构不均衡、生物质成型燃料缺乏核心技术、燃料乙醇关键技术有待突破等问题。为实现生物质能的健康发展，《生物质能发展“十三五”规划》对我国可再生能源生物质能的发展做出具体规划，提出到 2020 年，生物质能基本实现商业化和规模化利用。生物质能年利用量约 5 800 万 t 标准煤。生物质发电总装机容量达到 1 500 万 kW，年发电量 900 亿 kW·h，其中，农林生物质直燃发电 700 万 kW，城镇生活垃圾焚烧发电 750 万 kW，沼气发电 50 万 kW；生物天然气年利用量 80 亿 m^3；生物液体燃料年利用量 600 万 t；生物质成型燃料年利用量 3 000 万 t。

作为一种清洁可再生能源，生物质能对加快建设生态型经济社会和满足我国能源需求具有重要意义。经过多年的科技研发和技术积累，我国在生物质能的开发和利用领域均取得了一定成就。随着政府对清洁可再生能源的日益重视，相关的法律法规及政策也日益完善，有利于推动生物质能的健康发展。但目前我国生物质能的发展还未实现产业化的规模生产，不仅有技术方面的原因，还有市场方面的原因和政策方面的原因。例如，我国纤维乙醇的产业化发展主要受低成本技术瓶颈的限制，而生物柴油的产业化发展则主要受市场及政策的影响。为此，“十三五”期间，我国生物质能的发展除了加强科技创新平台建设外，在生物质能低成本开发利用关键技术领域也力争取得突破性进展，同时，政府需要指定或采取有利于生物质能发展的政策、标准和法规，以推进生物质能产业健康、有序、快速发展。

世界各国对生物质能源的利用主要包括生物质发电、生物质液体燃料、沼气利用、生物质成型燃料等方式。生物质发电是目前技术最成熟、发展规模最大、最完善的现代化生物质能利用技术。国际上，生物质发电自 20 世纪后期以来取得较快发展，在欧美等国形成产业化应用，成为生物质能利用的重要领域。

生物质发电是通过化学方法把生物质能转化成为可以直接利用的能源形式，然后再转化成电能的发电技术。其发电机可以根据燃料的不同、温度的高低、功率的大小分别采用煤气发动机、斯特林发动机、燃气轮机和汽轮机等。生物质能的发电形式主要有以下 5 种：

（一）直接燃烧发电技术

直接燃烧发电技术是指用生物质能代替常规能源进行燃烧发电的一种技术，是一种最简单、最直接的方法。生物燃料密度较低，其燃料效率和发热量都不如化石燃料，通常应用于大量工、农、林业生物废弃物需要处理的场所，并且大多与化石燃料混合或互补燃烧。为了提高热效率，也可以采取各种回热、再热措施和各种联合循环方式。目前，在一些发达国家中，生物质燃烧发电量占可再生能源（不含水电）发电量的 70%。我国生物质发电也具有一定的规模，主要集中在南方地区。

（二）甲醇发电技术

甲醇作为发电燃料，是当前生物能源研发利用的重要课题。日本专家采用甲醇气化 - 水蒸气反应产生氢气的工艺流程，开发了以氢气作为燃料的燃气轮机带动发电机组发电的技术。甲醇发电的优点除了低污染外，其成本也低于石油发电和天然气发电，很具有吸引力。利用甲醇的主要问题是燃烧甲醇时会产生大量的甲醛（比石油燃烧多 5 倍），一般认为甲醛是致癌物质，且有毒，会刺激眼睛。目前对甲醇的开发利用存在分歧，应对其危害性做进一步研究观察。

（三）城市垃圾发电技术

垃圾发电是指通过特殊的焚烧锅炉燃烧城市固体垃圾，再通过蒸汽轮机发电机组发电的一种发电形式。垃圾发电分为垃圾焚烧发电和垃圾填埋气发电。其中，垃圾焚烧发电最符合垃圾处理的减量化、无害化、资源化原则。此外还有一些其他方式。例如，1992 年加拿大建成的下水道淤泥处理工厂，把干燥后的淤泥在无氧条件下加热到450℃，使 50% 的淤泥气化，并与水蒸气混合转变成为饱和碳氢化合物，作为燃料供低速发动机、锅炉、电厂使用。

（四）生物质燃气发电技术

生物质燃气发电系统主要由气化炉、冷却过滤装置、煤气发动机、发电机4大主机构成，其工作流程为：将冷却过滤的生物燃气送入煤气发动机，发动机将燃气的热能转化为机械能，机械能再带动发电机发电。生物质燃气发电的实现，首先需要得到生物质经过气化或发酵而产生的氢气、甲烷等可燃气体，然后将其作为燃料输入内燃机或燃气轮机中，使发电装置得到充足的运转动力进行发电。生物质气化发电对燃料的要求较高，气体必须达到很高的净化程度，且该技术的整机容量小，大多此类发电机组多设在木材加工企业或粮食加工单位周边，不宜大规模建造和推广。而秸秆气化热值偏低，很难提供足够的热量进行持续发电，还会带来严重的污染，特别是对焦油的消除技术和气体净化技术仍需要进一步的改进和革新。

（五）沼气发电技术

在一些发达国家，沼气发电技术已经得到了广泛应用，且被列为重要的能源。沼气主要源于动物粪便和有机物含量丰富的废水，这些原料经过厌氧发酵生成甲烷和二氧化碳气体。在我国农村地区，沼气发电技术已得到有效推广，且收益颇丰，不仅解决了我国农村秸秆过剩的问题，还净化了农村的生活环境。但沼气发电技术稳定性差，并有一定的危险性，很难实现系统化管理。20世纪70年代，沼气发电技术开始在我国农村普及，目前已在农场家庭中广泛应用，使得农户很大程度上做到了用电自给，但该技术不适合作为公用电源进行大面积建设。目前的沼气发电系统主要有纯沼气电站和沼气-柴油混烧发电站两种。

以植物秸秆、废物垃圾等为原料实现发电，不仅净化了生活环境，还实现了充分利用资源的目的。目前，我国沼气的开发利用技术处于世界领先水平，发展规模也名列前茅。随着政府对生物质能发电的日益重视，很多省份均建设了生物质能发电的应用项目，收到了良好的效益。

此外，生物质液体燃料产品包括燃料乙醇、生物柴油、生物质裂解油（生物质直接液化产品）和生物合成燃料（生物质间接液化产品，如生物甲醚、二甲醚和费托合成燃料等）。近年来，利用甘蔗和玉米等糖和淀粉原料抽取燃料乙醇、利用生物油脂抽取生物柴油的技术已经逐步实现商业化应用，处于稳定发展阶段。一些国家和企业开始探索利用纤维素生物质原料生产燃料乙醇和生物质合成燃料。

四、世界海洋能发展状况

海洋覆盖了地球70%的面积，蕴含着无穷的能量。海洋能主要包括潮汐能、波浪能、温差能、海流能、盐差能等，具有能量密度低、蕴藏量大和可再生等特点。全球海洋能储量非常丰富，据估算，约有 27 亿 kW 潮汐能、25 亿 kW 波浪能、20 亿 kW 温差能、50 亿 kW 海流能、26 亿 kW 盐差能。我国的海洋能源十分丰富，其中，潮汐能约为 1.9 亿 kW、波浪能约为 1.3 亿 kW、海流能为 0.5 亿 kW、海洋温差能和盐差能分别为 1.5 亿 kW 和 1.1 亿 kW。

（一）潮汐能

潮汐能（Tide Energy）是海水周期性涨落所具有的能量，是人类最早认识和利用的海洋能。在月球和太阳引力作用下，海水做周期性运动，这种运动包括海面周期性的垂直升降运动和海水周期性的水平流动。海水垂直升降运动所具有的能量是潮汐能中的位能，称为潮差能；海水水平流动所具有的能量是潮汐能中的动能，称为潮动能。在海水的各种运动中潮汐最具规律性，容易预测，又涨落于岸边，其最早为人们所认识和利用，在各种海洋能的利用中，潮汐能的利用也是最成熟的。

潮汐能能量密度较低，世界上仅少数国家具备理想的开发潮汐能的条件。英国的潮汐能开发技术在世界上处于领先水平。利用潮汐能的主要方式有两种：一种是利用潮汐能的水平运动所产生的前冲力来推动水车、水泵或水轮机发电；另一种是利用潮流所产生的水头和潮流量，利用电站上下游的落差引水发电。

潮汐发电源于欧洲。1912 年德国建成最早的布苏姆潮汐电站，而法国 1966 年在希列塔尼米岛建成的朗斯河口潮汐电站是最具代表性的潮汐电站，这是第一个商业性电站，至今已运行 50 多年，充分证明了潮汐发电技术的可靠性和经济效益。朗斯河口电站成功运营后，潮汐发电技术逐步发展，开始寻求大规模商业开发的机会。然而，在二三十年的发展中，许多问题仍未解决，限制了潮汐能发电的快速发展。一方面，潮汐能发电的回报率不高。潮汐能电站的正常运行，需要足够的能量支撑，即用较大的流量来补偿潮汐能能量密度低的缺陷，这就要投入大量费用和大型设备来构建较大规模的海湾截流坝，使电站的造价远高于常规电站。而且，电站基建条件差、施工环境恶劣、施工周期长、初始投资量大、投资周期长等，严重降低了电站的投资回报率，这造成私营公司对潮汐能发电开发热情不高，政府投入的积极性也不高。另一方面，人们对潮汐发电引发的生态环境的负面影响争论较大，阻碍了潮汐能发展。其一是建立潮汐能发电站的大坝会影响生物作息，使生物的自由游动与繁衍受阻，造成某些生物的死亡、灭绝，破坏了生物多样性；其二是潮汐发电站会改变潮差和潮流，并引起水质的改变，恶化海洋生态环境。

目前，潮汐发电是海洋能中技术最成熟、利用规模最大的一种利用形式。从事潮汐发电研发和生产的国家主要有法国、加拿大、俄罗斯、中国和英国等。世界上有二十几处适合建设潮汐电站，主要有美国阿拉斯加州的库克湾、英国的塞文河口、加拿大的芬地湾、澳大利亚的达尔文范迪门湾、阿根廷的圣约瑟湾、中国的乐清湾等。随着潮汐发电技术的进步，发电成本不断降低，会有更多大型现代潮汐电站建成并投入使用。

（二）波浪能

波浪能（Wave Energy）是海洋表面波浪所具有的动能和势能。波浪能的能量密度高，分布广泛，全球波浪能的潜力估值约在 109kW 量级。美国、英国、日本、德国等都在研究开发波浪能发电，其中，日本、英国等开发利用水平较高。目前，历经装置发明、实验室试验研究、实海况应用示范等阶段，波浪能发电技术已趋于成熟，并开始向商业化、规模化利用方向发展。但波浪能发电技术成本高，发电装置转换效率低，设备易因波浪冲击而引起故障，且发电不稳定。

世界上第一个成功的波浪能发电装置是 1910 年法国人布索·白拉塞克在其海滨住宅附近建的一座为其住宅供电的气动式波浪发电站，容量为 1 kW。20 世纪 60 年代以来，波浪能发电技术逐渐走向商业领域，具有代表性的是 1964 年日本开发的世界上第一台用于航标灯的小型气动式波浪能发电装置，随后该装置被投入商业化生产，产品除日本在其本国自用外还出口国外，标志着波浪能利用进入商业化阶段。

为实现波浪发电有效上网，早期设想是在海岸、近海放置众多转换装置列阵以将波浪能转化为电能，并把产生的电能供给电网。但是，波浪能很不规律，发电装置浮于水面，受波浪冲击发电，对设备质量和工作运行条件要求高，且大规模列阵投资大、风险高、收益低。20 世纪 80 年代以后，波浪发电的应用方式发生了改变，以实用性、商业化为主的小中型装置，供应边远沿海和海岛的电力。典型的案例是日本的"海明号"发电船和挪威的两个波浪能电站。日本的"海明号"船型波浪发电装置由日本、美国、英国、加拿大、爱尔兰 5 国合作，因成本过高，未能进入商业阶段。1985 年，挪威在卑根市附近的奥依加登岛上建成装机容量为 250 kW 和 500 kW 的波浪能发电站，标志着波浪能发电站实用化和商业化的开始。从未来发展来看，波浪能发电需要开发高效率、低成本和环保的发电技术，发展脱网独立供电技术和海上供电技术，提高偏远海岛地区和海洋油气开发等对波浪能的利用水平，以及提高发电设备对波浪冲击的抵抗能力，保证电力的有效转换。

（三）温差能

温差能（Thermal Energy）是指利用海洋中受太阳能加热的暖和的表层水与较冷的深层水之间的温差而获得的能量。一般通过海洋表面的温海水加热某些工质并使之汽化，驱动汽轮机而获得能量，同时利用从海底取得的冷海水将做功后的废气冷凝，使之重新变成液体。温差能具有存储能量高、能量稳定等特点，全球的温差能的潜力估值约在 109kW 量级。虽然各国都十分重视开发温差能，研发经费投入较大，但直到 20 世纪 70 年代后温差能的利用才取得实质性进展。目前，美国和日本在温差能利用上取得较大进展，发电技术日趋成熟，但尚未达到商业化水平。海洋温差能转换（OTEC）不仅可以提供电力，还具有海水淡化、水产养殖、海洋化工、海洋采矿等综合利用效益。OTEC发电需要借助海水介质，即将大量深海海水在海面上释放，这一过程把维持深海浮游生物生长的物质带到海面，影响深海生物的繁衍。温差能发电的设想最早由法国物理学家阿松瓦尔于 1881 年提出，其后法国科学院建立了实验温差发电站，1930 年，阿松瓦尔的学生克洛德在古巴附近的海域建造了世界上第一座温差能发电站，该电站的功率为10 kW。

从未来发展来看，OTEC 技术必须解决以下问题：一是能量的高效转换问题，开发高效的热能转换器；二是提高发电装置防腐和抗台风等性能，保证运行稳定；三是创新海洋工程施工方法，克服恶劣施工环境。此外，还需注重综合利用，将发电与海水淡化、化工、采矿等相结合，提高规模收益。

最近，美国、日本和法国等对海水温差能的开发利用取得了丰硕成果，已实现了从小型试验研究转向大型商用化方向发展。目前，全球已建成了多座海水温差能发电站。但总体来说，对温差能发电的利用目前仍处于研究阶段。

（四）国际海洋能产业及技术

当前，全球已有 30 多个国家参与海洋能的开发。国外海洋能发电技术主要集中在欧洲，以英国为主，亚洲以日本为主，其关键技术领先，并掌握了大量专利和知识产权。

在潮汐能应用方面，在 2015 年之前有关潮汐能机组并网运行的信息很少，多数是有关英国 EMEC、加拿大 FORCE 等海洋能试验场进行并网测试的信息。目前，人们已实现单机百千瓦级机组并网发电，并有单机兆瓦级机组也实现了并网发电，从技术的工程实现来看，小装机容量潮汐能技术在浅水海域安装，以降低开发成本和风险，促进累积技术和获取工程经验，并为大功率机组开发奠定基础。总体上，随着兆瓦级潮汐能技术商业化进程的加快，潮汐能将很快实现其发电成本降至有竞争力的水平。荷兰 1.2 MW 潮汐能发电阵列和英国 MeyGen 的 6 MW 潮汐能发电阵列成功实现并网发电，标志着潮汐能技术进入商业化应用阶段。2015 年 9 月，荷兰在防风暴桥相邻两根桥桩上，布放了由 5 台 T2 涡轮机组集成在单一结构上的潮汐能发电阵列（见图 2.13），该装置总装机 1.25 MW，已为 1 000 户居民提供电力，成为世界首个并网运行的潮汐能发电阵列。2016 年，美国 GE 公司收购 Alstom 公司的能源业务，并在 Alstom 原有技术基础上发展了 1.4 MW 的 Oceade-18 技术（见图 2.14），输出电压高达 33 kV。另外，2016 年，加拿大 Cape Sharp Tidal 公司在 FORCE 布放了一台 2 MW 的 Open-Centre 机组，并实现并网发电（见图 2.15）。

图 2.13 T2 涡轮机阵列布放到 Eastern Scheldt 防风暴桥

图 2.14 Oceade-18 机组及水下电力节点

图 2.15 Open-Centre 在 FORCE 布放及并网

　　波浪能技术近年发展迅速，但技术种类分散，尚未进入技术收敛期。虽然全球许多波浪能发电装置经历了长期海试，但是波浪能发电装置在恶劣环境下的生存性、工作稳定性和可靠性、能量高效转换等关键技术问题仍未获得突破。例如，2004 年在 EMEC 实现并网的英国 Pelamis 波浪能装置，以及 2009 年在 EMEC 实现并网的英国 Oyster 波浪能装置，由于技术迟迟无法商业化，分别于 2014 年和 2015 年年底破产。最近，许多国家的波浪能开发利用取得了较大进展。2011 年，西班牙 EVE 能源公司的 Mutriku 振荡水柱式波浪能并网电站建成并成功运行（见图 2.16）。2014 年，在欧盟区域发展基金支持下，EVE 公司与英属直布罗陀政府签署了 5 MW 波浪能发电电力购买协议，以满足直布罗陀 15% 的电力需求。2016 年，该发电场一期 100 kW 工程建成并实现并网（见图 2.17）。另外，澳大利亚成功研制"CETO"波浪能装置，该装置采用大型水下浮子驱动，除了发电，该装置还可利用波浪能实现海水淡化（见图 2.18）。

图 2.16　Mutriku 电站及其 WELLS 透平机组

图 2.17　直布罗陀 100 kW 波浪能电站

图 2.18　CETO 的外观及工作原理示意

在温差能开发应用方面，日本、美国、印度等近年来建造了百千瓦级温差能发电系统和综合利用示范电站，运行效果良好，为建造兆瓦级电站积累了宝贵经验。法国、美国、韩国随后启动了兆瓦级温差能电站建设。2015 年，美国 Makai 海洋工程公司建造了 100 kW 闭式循环海洋温差能转换装置，该装置在夏威夷自然能源实验室投入使用（见图 2.19），是美国第一个并网的温差能电站，除满足 120 户夏威夷家庭的年用电需求外，余下电量出售的收益可用于温差能技术的研发。2013 年，日本在冲绳岛建成 50 kW 示范电站（见图 2.20），为温差能技术商业化奠定了基础。

图2.19 Makai 100 kW温差能电站

图2.20 冲绳50 kW温差能电站

（五）我国海洋能产业概况

我国拥有漫长的海岸线和广阔的海域，蕴藏着丰富的海洋可再生能源，海洋潮汐能、波浪能、温差能、盐差能、海流能、化学能均占世界总储量的前列。我国自20世纪70年代就着手应用海洋能的探索工作，但进展缓慢。目前，我国海洋能产业总体上仍处于发展初期，除潮汐能开发利用相对成熟外，其他形式能源的开发利用尚处于技术研究和示范试验阶段。潮汐能发电在我国海洋能开发利用中基础最好，发电技术较成熟，其中具有代表性的是江厦电站，所用技术属世界领先水平，并已实现并网运行和商业化运作。

1955年，我国开始建设小型潮汐电站，先后建成白沙口、沙山、江厦等70多座潮汐电站，使我国成为建成现代潮汐电站最多的国家。其中，浙江省温岭市的江厦潮汐电站是我国最大的潮汐电站，仅次于韩国始华潮汐电站、法国朗斯潮汐电站和加拿大安纳波利斯潮汐电站。

20世纪80年代，国家电网尚未通到偏僻沿海和海岛，我国当时的8座潮汐电站长期（10～30年）运行发电，为当地居民的农、渔、副产品加工和灌溉，照明等供电，对当地社会经济的发展起到了重要作用。连通国家电网后，潮汐能的经济效益下降严重，再加上受到上网电价的限制，潮汐电站经营困难，并逐渐停止运行。此后，虽然我国对浙江和福建沿海地区进行了潮汐电站选址规划和可行性研究，但是均未开工建设。

波浪能是海洋表面海水因风能作用后产生的波浪所储存的动能和势能的总称，具有能量密度高、分布面广等优点。充分利用波浪运动所产生的能量带动发电机，将波浪所含的动能和势能转变为电能，这就是波浪能发电的基本原理。目前，波浪能技术主要有振荡体技术、振荡水柱技术和越浪技术。振荡体技术在我国探索实践较多，并研制出了不同振荡体装置。如 2013 年研制成功的装机容量 100 kW 的"鸭式三号"（见图 2.21）。该发电装置实际最大输出功率可达 25 kW。2015 年，中国船舶重工集团公司制造的"海龙 I 号"波浪发电装置（见图 3.22）通过测试并成功运行，该装置在波高接近 4 m 的海况下，可产生 100 kW 的电能。另外，经优化后设计的鹰式装置"万山号"（见图 2.23）对称安装了 4 个鹰式吸波浮体，并共用半潜船体、液压发电系统和锚泊系统。在海上既可漂浮，也可下潜至设定深度。装置配备了大容量蓄电池、逆变器、数据采集与监控设备、卫星传输设备，既可通过海底电缆向海岛供电，也可为搭载在其上的各种仪器、设备提供标准电力，同时能通过卫星天线实现海上设备与陆上控制中心的双向数据传输。目前，"万山号"已满足在其顶部平台上安装仪器开展海洋环境测量工作，或搭载通信设备作为海上移动基站使用。

图 2.21 鸭式波浪能发电装置

图 2.22 "海龙 I 号"筏式液压波浪能发电装置

图2.23 "万山号"鹰式波浪能发电装置

潮流能发电水轮机是将从潮流能中获得的水流动能转换为电能的转换装置,它是潮流能发电系统的核心组成部分之一。潮流能发电水轮机转换能力的强弱是评价整个发电系统性能优劣的重要指标。目前,潮流能水轮机开发的主流方式为水平轴和垂直轴形式,此外,还有振荡水翼式、涡激振动式等新型技术。近年来,我国在科技计划专项和多方资金的资助下,成功研发了10多种潮流能发电装置,部分潮流能发电技术已进入海试阶段,潮流发电的关键技术基本得到解决,关键零部件也基本实现了国产化。2016年,300 kW潮流能发电装置平台(海能Ⅲ潮流电站)投入使用,并成功发电。"海能Ⅲ"(见图2.24)采用哈尔滨工程大学研发的总容量为2×300 kW的双机组十字叉型水轮机专利技术和漂浮式双体船载体设计。潮流能装置能实现自启动运行,发出的电力通过500 m长的海底电缆送电上岸,可供官山岛上30余户人家日常用电。2016年8月,模块化大型海洋潮流能发电机组总成平台——岱山"海底风车"(见图2.25)在浙江舟山下海,装机容量为3.4 MW,是我国首台自主研发生产的装机功率最大的潮流能发电机组。另外,2015年6月,中国海洋大学研制的轴流式潮流能发电装置"海川号"(见图2.26),在青岛斋堂岛水道安装运行。该装置装机功率为20 kW,实现了跨年度正常运行。

图2.24 "海能Ⅲ"潮流电站装置

图 2.25　"海底风车"发电机组运行

（a）　　　　　　　　　　（b）

图 2.26　"海川号"20 kW 轴流式潮流能发电装置

我国对海洋能的利用在可再生能源领域中发展较晚，但其在深远海开发中最具竞争优势。潮汐能当前在我国尚不具备大规模开发的条件，温差能和盐差能基础较弱，也未达到实用化阶段。波浪能和潮流能成为我国当前海洋能开发的主流。虽然海洋能必将占据越来越重要的地位，但是就其目前的发展状态来看，远未体现其先进性，如理论研究不足，能量摄取机理模糊；系统研究不完备，能量传递配合低下；风险估计不清，结构安全无法保障；开发模式单一，能量用途有欠灵活等。为满足海岛及深远海开发等用电需求，加快提升海洋能技术自主创新能力，2017 年国家海洋局发布《海洋可再生能源发展"十三五"规划》，规划提出提高基础研究与公共服务能力，突破关键技术，提升技术成熟度，强化示范效果，推进海岛海洋能应用等，以促进我国海洋能及其应用的可持续发展。

第三节　国外新能源产业发展战略

一、美国

自 20 世纪六七十年代以来，美国一直非常重视可再生新能源的开发和利用，具备了完备的法律体系和财政补贴政策，有力促进了新能源产业的健康发展。1992 年，美国颁布《能源政策法》，明确提出了可再生能源发展要求，对可再生能源的开发和利用给予投资税额减免政策，如对太阳能和地热能项目永久减税 10%，对新的可再生能源、发电系统其所属州政府和市政府给予为期 10 年的减税政策，税额减少的多少将随着社会物价水平变化而变化，并且取决于国会年度拨款水平。1990 年，美国制定《清洁空气法》，该法规定联邦能源管理委员会将建立一个管理激励机制来促进和鼓励太阳能和可再生能源发展，并创建一个激励的返还费用基金，承担太阳能和可再生能源的潜在风险，允许一个 10 年到 20 年的分期偿还期来回收太阳能和可再生能源技术的资金成本。

目前，美国的新能源利用已全面铺开，其产业发展的主要特征为学术为先导、科技为核心、行动为保障。具体来讲，学术为先导是指在政府的大力支持和推动下，美国的各类智库将与新能源相关的关键问题作为研发重点，并不断推出新的研究报告，协助政府进行战略规划和战术分析，及时化解各类矛盾。美国核能研究所 2002 年提出《美国2020 年核能发展计划草案》；"重建美国———一个投资节能改造的政策框架"的报告提出，2020 年将完成 500 万座建筑物的节能改造，约占美国建筑总量的 40%。调查结果表明，可再生能源的开发和利用不仅能创造许多新的工作岗位，而且像俄亥俄、宾夕法尼亚、密歇根、印第安纳等传统制造业大州也可以从范围广阔的绿色技术增长中获利。

科技为核心是指开发新能源的终极要素，美国拥有世界上最强大的科技创新能力。如目前太阳能电池的平均转化效率仅有 15% 左右，而由美国劳伦斯 - 伯克利国家实验室最新发明的新型半导体材料，可将太阳能的利用率提高到 45% ~ 50%。美国太平洋煤电公司与太阳人公司计划将太阳能电池阵列送入太空，所产生的电能再利用先进技术将其转化为微波，微波被发送到地球后再转化为电能使用。美国能源部还与相关企业合作推出诸如"半导体照明技术竞赛""太阳能利用设计大赛"的科技创新活动，用于激发和鼓励青少年参与科技竞赛来实现科技创新和可持续发展。

行动为保障是指美国的相关政策和规定制定得非常具体，操作性强，这给具体实施和实践提供了极大的便利。如《2005 国家能源政策法案》中对做什么、谁来做、怎么做、违反了如何处置等细节都做了明确规定。再如，美国环保署的新规则详细规定了每种可再生燃料需达到的年产量，提出汽油中必须加入特定含量的可再生燃料，并要实现逐年递增，到2022年，实现年燃油消耗中约210亿加仑应该来自生物质柴油、纤维素其他生物燃料。众议院通过的《清洁能源安全法》规定，到2020年，所有电力公司要以可再生能源或能效改进的方式满足其电力供应的20%。

二、欧盟

欧盟作为世界电力改革的积极推动者，也是环境保护和抑制气候变化的主要倡导者。自20世纪70年代石油危机以来，在可再生能源、能源供给安全、能源技术、能源税、市场自由化、能源效率和能源战略储备等方面，欧盟各国均制定了大量激励政策。这些法规条例虽然推动了欧盟能源政策向共同体层面的方向发展，但由于欧盟在能源领域干预权力有限，使这些法规的顺利实施遇到了许多障碍。实际上，欧盟的能源政策仍处于各成员国各自为政的状态。随着能源压力的日益增大，各国都将新能源产业作为发展的重中之重，并逐步在新能源政策上形成了共同行动计划。

近几年来，欧盟新能源政策体现了各国在制定新能源目标和具体措施上的一体化色彩，确定了保障能源供给安全、提高欧盟竞争力、实现经济和社会的可持续发展3个目标，并制订了相应的实施方案和实施计划。在欧盟新能源政策的驱动下，各成员国在对外能源事务上采取了一致立场，借助集体力量加强能源出口国与能源消费国之间的对话协作，在确保能源供给稳定的基础上积极抢占新兴能源市场，确保实现供给来源和供给线路的多样化。通过设立共同的能源储备和应急机制，共同应对外部供给危机，在团结互补的基础上保障能源供给安全。同时，欧盟各成员国都在不断加强其内部能源市场的建设，并通过能源共同体等方式将能源市场开拓至周边国家，最终实现建立以欧盟为中心的跨国能源大市场。此外，欧盟各国推行"开源节流"工作，要求加强非化石清洁能源开发的同时力争实现提高能效，减少能耗。为达到此目标，实行加大研发投入，加强对生物质能、氢能等新兴能源的研发，减少对传统能源污染技术的投入，同时加强各国的交流与合作。根据共同行动计划，到2020年，欧盟实现可再生能源占总能源耗费的20%，温室气体排放量比1990年减少20%以上。

2014年年初，欧盟委员会正式启动新的7年期（2014—2020）研发创新框架计划，即欧盟"地平线2020（Horizon 2020）"计划。其中，应对气候变化被定为"地平线2020"计划的重中之重，欧盟将集中资源加大研发投入力度，通过研发创新确保欧盟工业企业战略新兴技术的世界竞争力和领先水平。最近，该计划发布了首批研发资助创新项目，宣布决定资助远景能源主导研发的EcoSwing超导风机项目1亿元人民币。欧盟专家表示，EcoSwing 是一项颠覆性的技术，它将极大地降低风机质量和成本，风电成本有望下降 30% 以上，这意味风电技术将迎来革命性转折，此前所有的技术路线或将成为历史。

三、国外新能源产业发展的经验借鉴

（一）制订科学、合理、全面的新能源发展规划

在发展新能源产业时，世界各国均以能源规划作为产业发展的重要指导。如欧洲颁布了《可再生能源发展》白皮书，制定了 2050 年可再生能源在能源构成中达到 50% 的目标。德国确定了将清洁电能的使用率由 2004 年的 12% 提高到 2020 年的 25% ~ 30% 的目标等。发展目标可以有效规划新能源产业发展，有利于相关政策的出台和执行，是促进新能源产业规模增加的重要措施。然而，在实际执行中，要注意中央与地方政府的协调，注意发电与电网之间的协调，避免出现各地方争相超额完成计划，发电厂建设过度引发并网困难等问题。为此，科学合理的规划必须是充分考虑新能源发展的资源条件、地理条件、电网条件和能源分布等因素，协调中央与地方两级政府，新能源产、供、需多方利益，协调新能源与其他能源关系的全面规划。

（二）把技术研发作为新能源发展的原动力

技术研发作为新能源发展的原动力，是各国最为重视的能源发展环节。为此，我国政府必须在新能源制造技术、能量转化技术、提高效能等方面加大研发投入，成立由"产学研"共同支撑的技术研发队伍，吸纳多方资金支持新能源产业研发，提供多角度、全方位的政策优惠和支持，切实保障知识产权所有者的利益，确保技术研发人员的权益，促进科研成果的顺利转化和使用。

（三）提供持续的优惠政策支持

国外新能源的快速发展与政府持续提供的政策支持有关，如美国的《能源政策法案》，该法案对可再生能源政策补贴做了长期补贴的规定。我国也推出了多项政策以补贴电价，但要确保补贴政策落到实处，确保新能源发电企业顺利获利，保证新能源上网不增加用户的用电负担，还需制定配套的政策法规细则。同时，坚决严惩弄虚作假、骗补行为和低效经营的状况，奖惩结合，合理、有效地推行优惠政策。

（四）通过政府协调市场机制

一般情况下，在新能源发展中，政府在解决新能源并网问题上起着关键作用，如建立电力交易体系、成立智能调度中心、实施上网电价法等，这些措施能有效协调供需双方的利益冲突。特别是充分利用市场机制，寻求新能源接入问题的解决方法，如为平抑不同供应商的电源差异问题，普遍采用绿色证书交易。此外，政府充分发挥其立法和统

筹协调职能，并组织发电企业、供电企业及其他相关研究机构等共同探讨可行的并网规范标准。

（五）采取强制上网或收购政策

上网电价法和强制上网政策是刺激新能源迅速发展的有效措施。近年来，我国也在积极讨论强制上网政策，并考虑试点推行相关政策。据了解，采用配额制的办法，要求发电企业在其电源结构中必须使用一定比例的可再生能源，以促进新能源的并网进程。

（六）鼓励多方投资者投入，打破垄断

从欧洲大规模新能源入网问题的研究成果来看，新能源产业中的垄断行为不利于新能源的顺利上网和规模增加。其有效解决办法就是吸引多元投资者引入竞争，打破垄断。欧洲风能委员会明确提出要降低市场垄断，防止滥用垄断地位的行为。在电力行业实施有效的竞争机制，实现"输电/配电—发电—售电"活动在法律和所有权方面的完全分离。

第四节　新能源细分行业发展现状及前景

当前，全球新能源产业发展势头强劲，其新增装机规模已超过传统化石能源，标志着新旧能源交替的"拐点"正式来临。新能源产业未来发展空间巨大，风能、太阳能、生物质能、核能与汽车新能源发展将获得利好。我国新能源的市场规模均保持着正增长态势，且稳定增长着，增长率保持在20%左右。新能源作为国家战略性发展新兴产业，可为新能源大规模开发利用提供坚实的产业基础和技术支撑。国家已推出一系列政策法规，为新能源的发展注入动力。随着投资新能源产业的资金、企业不断增加，市场运行机制不断完善，新能源企业的不断加速整合，新能源产业发展前景值得期待。

一、我国新能源行业发展现状

（一）太阳能

由于太阳能具备环保、效率高、无枯竭危险特性，对使用的地理位置要求较低，因此，光伏产业获得了快速的发展。应用分布方面，光伏发电的36%集中在通信和工业，51%应用在农村边远山区，少部分应用在太阳能便携设备，如计算器、手表等。此外，光伏应用发展具有多样化特色，且多与扶贫、农业、环境等相结合。最近，光伏农业大棚正在快速发展中，成为光伏在农业应用的主要形式。在政策扶持和国内市场需求的双重激发下，光伏发电产业也增长迅速，现在制约我国光伏产业快速发展的主要因素是我国的光伏技术仍处于下游水平，市场需求主要集中在国外。

（二）生物质能

生物质能总量丰富、分布广泛、污染低、应用范围广，近几年获得了快速发展。生物质能的应用方式目前仍以直接燃烧为主。生物质能发电和制造乙醇汽油燃料获得了较快发展。生物质能作为新能源的后起之秀，发展势头迅猛，成为资本市场的新宠。在我国，对生物质能认识普及程度不足，再加上政府补贴门槛过高，资源分布相对分散，收集技术相对落后等，使得生物质能的推广应用进展缓慢。但随着生态文明建设日益受到重视，生物质能的地位将逐渐提升。

（三）风能

风能对面积要求较高，并受到地理环境的限制。我国的风能没有太阳能和生物质能应用广泛。风能具有发电成本低的优势，在条件优厚地区利用风能发电可为当地新能源产业的发展提供有力的依托和保障。随着我国风电装机实现国产化，风能发电实现规模化，风电成本继续降低，加上补贴和扶持结合的优惠政策，我国风能行业呈现出良好的逐步发展态势。

（四）核能

尽管核能是不可再生资源，但其具备干净、无污染以及几乎零排放的优势，促使核能发电在能源利用领域备受关注。我国目前正在运营的核电站有13座。核电对行业技术要求较高，我国核电的发展主要依靠国家政策扶持，并以国企为主导。广核和中核是我国核电行业的两个龙头企业，最近，两个企业协作联合推出新核电技术，该技术标志着我国已拥有成熟的三代核电技术。

二、新能源行业的发展趋势及前景

（一）新能源行业的发展趋势

21世纪以来，受到伊拉克战争和能源需求大幅增长的影响，国际油价一路狂飙，促使新能源产业的发展和大规模应用的加速实现。世界各国均意识到化石燃料愈加缺乏，而新能源逐渐成为能源转型和新技术革命的发动机。美国等西方国家纷纷开始大力支持新能源产业的发展，并给予大量的资金补贴，同时制订了系统的发展战略规划。

金融危机的影响和国际油价的回落，使得形势大好的新能源发展受挫。2011年以后，美国政府曾重点资助的新能源公司相继倒闭，如2012年美国政府曾重金资助的新能源电池制造商A123破产。美国的新能源行业出现哀鸿遍野的形势，奥巴马政府实行的新能源振兴计划受到重创。金融危机对欧洲新能源的发展也产生了较大影响，特别是2011年以来，部分欧洲国家财政赤字加剧，被迫消减了部分新能源产业补贴，特别是对光伏产业的补贴政策进行了较大调整，这一形势对欧洲新能源产业产生了巨大冲击。

中国的新能源发展也受到金融危机的影响，美欧各国为了保护本国新能源产业，对中国新能源产品展开了反倾销，使中国的新能源产业受到较大影响。全球新能源的发展似乎遭遇了四面楚歌。

在当今全球经济形势下，要立足于全球的沟通与合作，以此促进新能源产业的快速发展。这主要包括两方面的合作内容：一方面是资金合作。发达国家新能源的产业发展受市场环境影响大，易出现资金短缺，而中国能提供充足的资金，两者合作必会获得双赢。另一方面是技术合作。新能源领域的高端、关键技术主要掌握在发达国家手中，而中国的新能源技术相对落后，在资金合作实现双赢的基础上获得双方满意的技术传递也是目前急需解决的问题。

（二）具有发展前景的新能源分析

1. 太阳能

一般情况下，太阳能是指太阳的辐射能。广义的太阳能是指地球上许多能量的来源，如风能、化学能、水的势能等。太阳能的主要利用形式有光电转换、光热转换和光化学转换 3 种。太阳能的利用方法有太阳能电池、太阳能热水器等。太阳能清洁环保、无污染、利用价值高、无枯竭忧虑，这些优点决定了太阳能在能源转型中的重要地位。

太阳能光电转换：光伏电池板组件是一种暴露在阳光下便会产生直流电的发电装置。一般是以半导体材料（如硅）制成的薄膜固体光伏电池组成，可以长时间工作且损耗小。简单微小的光伏电池可为便携装置如手表、计算机等提供能源，稍大型、复杂的光伏系统可为房屋提供照明，并可实现为电网供电。光伏电池板组件可以做成不同形状，组件之间可以连接，以生产更多电力。天台及建筑物表面均可使用光伏电池板组件，有些还被用作天窗、窗户，甚至窗帘等的一部分，这些设施被称为附设于建筑物的光伏系统。

过去，欧洲曾是世界光伏发电的重心。如 2009 年，德国、西班牙、意大利和捷克的新增装机容量超过 420 万 kW，占全球 60% 上。我国太阳能电池产业在发展过程中曾遭遇过"阴雨天"。我国 95% 以上的产能需要出口，且对欧洲市场过分倚重，致使国内太阳能电池企业连续受到欧元急跌、欧洲债务危机、欧洲削减太阳能补贴形势的影响，国内太阳能电池厂商损失严重，并尝试从成本和需求两个层面来应对经营风险。

太阳能光热转换：是借助现代太阳热能科技将太阳光聚合，用其热量产生热水、蒸汽和电力。除了运用现代科技收集太阳能外，也可借助建筑物利用太阳的光和热能，具体方法为在设计时加入合适的装置，如使用巨型的向南窗户，使用快吸收慢释放太阳热的建筑材料。

太阳能光化学转换：也称为太阳光合转换，即依据植物吸收太阳光后进行光合作用合成有机物的原理，人为模拟植物的光合作用，合成大量人类需要的有机物，提高太阳能的利用效率。

2. 风能

风能是大气在太阳辐射下流动形成的。与其他能源相比，风能优势明显，蕴藏量巨大，约相当于水能的 10 倍，且分布广泛，永不枯竭，在交通不便、远离主干电网的边远地区和岛屿尤其重要。风力发电是风能最常见的利用形式。风力发电机有水平轴风机和垂直轴风机两种。其中，水平轴风机应用广泛，为主流机型。

风力发电是人们利用风能的主要形式。19 世纪末丹麦开发风力发电机以来，人类已意识到石化能源会枯竭，风能的发展需要受到重视。联邦德国 1977 年在布隆坡特尔建造了当时世界上最大的发电风车。从目前累计装机容量看，美国稳居榜首，中国位列全球第二。

3. 核能

核能是指将原子的质量转化为从原子核释放的能量，符合爱因斯坦质能方程：

$$E = mc^2$$

其中，E 为能量，m 为元素原子质量，c 为光速。核能的释放形式主要有核裂变、核聚变和核衰变 3 种。

核裂变能是指通过一些重原子的原子核（如铀 -235、钚 -239 等）的裂变反应所释放出的能量。

核聚变能是指由两个或两个以上氢原子核（如氘和氚）结合成一个较重的原子核，结合时因质量亏损释放出巨大能量，这样的反应称为核聚变反应，所释放出的能量称为核聚变能。

核衰变能是指一种自然发生的，非常缓慢的裂变形式，所释放的能量缓慢且能量密度小，很难加以利用。

当然，核能还存在诸多缺陷，如对反应堆的安全必须不断地进行监控和改进；反应后产生的核废料对生物圈有潜在危害，人类尚未掌握核废料的最终处理技术；资源利用率低；核电建设投资费用高，高于现有常规能源发电，且投资风险大。

国务院颁布的《能源发展战略行动计划（2014—2020）》明确提出，2020 年我国核电装机容量要达到 5 800 万 kW，在建容量达到 3 000 万 kW 以上。目前，我国在核能的开发和利用方面，进行着形式各样的国际交流与合作，如与英国、俄罗斯和法国等国展开了深层次的国际交流合作。

中英核能合作：英国核能发展水平世界领先，是商务与技术合作的理想伙伴。英国的核能产业发展得到了政府各部门的支持、政策扶持上的支持，且拥有巨大的消费市场。同时，英国拥有核能成套的产业链及完备的配套服务体系，其核能产业还拥有世界领先的技术经验和人才基地，这些条件为核能行业的发展创造了健康稳定的环境。

2008 年，英国通过《气候变化法案》，该法案规定了能源的长期发展目标：到 2050 年，英国温室气体的排放量要比 1990 年减少 80%。为实现这一目标，英国掀开了一场巨大的能源重组计划，该计划拟将传统发电厂退役，启动包括核能在内的新能源发电项目。由英国国家核实验室、能源研究合作组织和能源技术研究所等机构组成的项目联盟，共同推出了《英国核裂变能技术路线图：初步报告》。报告明确指出，英国需制订明确具体的核能产业中长期发展规划的战略路线图，提出英国若要在 2050 年前拥有安全、低碳的能源结构，核电必将发挥更大的作用。

2013 年 10 月 15 日，中英两国政府签署了《关于加强民用核能领域合作的谅解备忘录》，为我国核电企业参与英国核电建设做了铺垫。同年 10 月 21 日，英国政府批准了中国广核集团与中国核工业集团参与投资当地新核电站的计划，标志着我国核电终于登陆西方发达国家。英国的民用核电历史最悠久，而中国的民用核电发展最快，拥有全球最大的核电装备制造能力，拥有全球最为充沛的资金，合作会使双方共同受益。

中俄能源合作：作为世界上主要的能源资源富集国，俄罗斯天然气的储量和出口量，以及煤、铀、铁、铝等资源的储量均居世界前列。俄罗斯与我国不仅政治关系成熟牢固，在能源合作方面具有天然地缘优势和资源互补的特点，俄罗斯是我国维护能源安全和实现可持续发展可借重的合作伙伴。随着中俄关系的快速发展，能源合作规模不断扩大。目前，两国在石油、天然气、核能及其他新能源等领域已展开全面的合作。中俄合作建设的田湾核电站目前处于安全高效的运营状态。

中法核能合作：2013 年 4 月，中广核集团、法国阿海珐集团、法国电力集团共同签署了长期合作协议，联合研制先进反应堆，提升核电工业整体安全水平。这是我国核电自发展以来的第三次重大技术合作，中法有 30 年的核电合作基础，两国有必要加强深层次的核电交流与合作，实现互利双赢。

三、我国新能源发展前景

（一）太阳能

太阳能光伏发电将来会占据世界能源消费的重要位置，不仅会替代部分常规能源，还将成为世界能源供应的主体。理论上，光伏发电可用于任何需要电源的场合，如航天器、家用电器与便携设备，大到兆瓦级电站，小到玩具，光伏电源均可使用。美国 First Solar 太阳能电池厂商出版的《第一太阳能 2015 年可持续性报告》中指出，目前该公司的光伏发电成本，"已达到可与化石燃料等发电成本竞争的水平"。我国《太阳能利用"十三五"发展规划》明确提出要提高光伏发电的规模和比例，单个光伏基地外送规模达 100 万 kW 以上，总规模达 1 220 万 kW。在太阳能资源丰富，可大规模开发的青海、新疆、甘肃、内蒙古等地区，规划建设以外送清洁能源为目的、规模在 200 万 kW 以上的大型光伏发电基地，结合太阳能热电和光热项目，并配套建设特高压外送通道。2020

年，我国太阳能年利用规模达到 1.5 亿 t 标准煤，其年发电量可节约 5 000 万 t 标准煤，共计减排二氧化碳 2.8 亿 t，减排硫化物 690 万 t。"十三五"时期，太阳能发电产业对 GDP 的贡献将达 10 000 亿元，太阳能热利用产业将达 8 000 亿元。太阳能相关产业从业人数可达到 1 200 万人。

（二）风能

近 10 年来，我国能源转型升级不断加快，风电产业取得瞩目成就，未来发展也备受关注。当然，我国风电产业的健康发展也面临着诸多挑战。中国的风电市场全球最大，近几年每年的新增装机量占全球新增装机总容量的 40% 左右。中国风能资源最好、最早开发风电的"三北"地区，风电总装机规模水平高，限电比例也是世界最高。另外，风电价格高，今后必须花大力气解决关键技术和机制问题，以此降低风电价格，缓解弃风状况。现在风电是价格最低的新能源，其发电成本还在继续降低，未来可能成为成本最低的能源。将来，风电需要分类型、分领域、分区域逐步退出补贴，预计 2020—2022 年，风电产业基本实现不依赖补贴发展。

2015 年 2 月底，我国并网风电装机容量达到 10 004 万 kW，稳居世界风电装机首位。未来 5 年我国风电将继续保持增长势头，且将引领世界，并有望实现《国家应对气候变化规划（2014—2020）》提出的 2020 年风电装机容量达到 2 亿 kW 的目标。我国的《风电发展"十三五"规划》也明确提出，到 2020 年年底，我国风电累计并网装机将达 2.1 亿 kW 以上，年发电量达 4 200 亿 kW·h，风电行业发展前景广阔。目前，国家推进"互联网+"战略，通过创新和提高技术、管理和制造水平，推进装备研发，加强产能合作，提高整个风电行业水平，为风电的转型升级奠定基础。如图 2.27 所示预测了我国未来 40 年的能源结构。

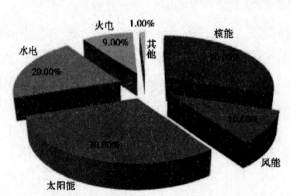

图 2.27　我国未来 40 年的能源结构

（三）核能

核能对我国经济的发展有着战略性的意义，不仅可以保证能源的安全性，还可以带动我国其他产业的发展，有效改进环境污染问题。从长远角度来看，核能不仅可以应用在发电中，还可以为工业、交通业提供热源，取代传统的石油资源。我国核能产业经过30 多年的发展，已取得一定成就，但与发达国家相比，还存在一些差距。我国关于《2050年我国能源需求》研究报告中明确指出，截至 2050 年，我国核电占一次能源比重将达到 12.5%，装机容量达到 240 GW。面对目前的格局，在下一阶段，我国要注重专门性人才的培养，并要加强宣传，合理引导，提升民众对核能的正确认知，促进我国核电事业的良性发展。

（四）氢能

在氢能领域，我国着重要解决的是燃料电池发动机的关键技术。虽然这方面的技术已有突破，但是还需要进一步对燃料电池产业化技术进行改进、提升，使产业化技术成熟。我国将加大对氢能研发的投入，以提高我国在燃料电池发动机关键技术方面的水平。

作为国家战略性新兴能源的重要组成部分，我国正在加快推动氢能开发和产业应用。在未来，我国氢能将在交通运输减排、电能替代等方面发挥重要作用。一是与电动汽车互为补充，共同推动交通运输领域碳减排。国家规划明确 2030 年实现百万辆氢燃料电池汽车的商业化应用，建成 1 000 座加氢站。二是建设氢能源发电系统。根据美国拉扎德咨询公司统计，2016 年氢燃料电池发电系统成本为 0.74 ~ 1.16 元 /（kW·h），已经具备一定的市场竞争力。未来在用户侧推广应用小型氢燃料电池分布式发电系统，满足家用热电联供的需要，推动家庭电气化进程，促进电能替代。

（五）水电

目前，中国不但是世界水电装机第一大国，也是世界上在建规模最大、发展速度最快的国家，已逐步成为世界水电创新的中心。随着中国经济进入新的发展时期，加快西部水力资源开发、实现西电东送，对解决国民经济发展中的能源短缺问题、改善生态环境、促进区域经济的协调和可持续发展，将会发挥极其重要的作用。

（六）生物质能

随着国民经济的快速发展，我国的能源需求量也将大幅提高。我国将通过合理布局生物质发电项目、推广应用生物质成型燃料、稳步发展非粮生物液体燃料、积极推进生物质气化工程。随着生物质能源的普及利用，生物质发电也将成为重点的发展对象，特别是现阶段直接燃烧发电技术已基本发展成熟，并广泛应用于商业领域；生物质气化发电技术的发电效率已达到较高水平；生物质与煤混合燃烧发电作为一种新兴的发电技术，发电过程简易且对环境污染小，具有很大的发展潜力。

第三章　中国新能源技术创新

第一节　新能源技术创新的理论内涵及分析

一、创新与技术创新理论

（一）创新与技术创新内涵

熊彼特认为，"创新"是新的生产函数的建立过程，即把以前不存在的有关生产条件和要素的组织成分引入现有的生产系统中。因此，创新有以下几种情况：①使用一种消费者还不是很熟悉的产品或产品新特性；②拓展一个以前国家制造部门还未曾进入的市场，不论该市场是否存在过；③控制或者夺取原材料或者是半成品新的供应源，不论该来源是首次出现还是以前就存在的；④实现一种新的工业组织，例如某种工业的垄断地位或形成一种垄断地位。

显然，熊彼特在"创新理论"中所指的"创新"是一个发展的过程，是系统性工程，不仅包含新工艺新产品研发，还包括把研发成果转变成能在市场上实现的物质生产力的过程。这样的"创新"理念可以很好地发挥技术革命在经济革命中的效用，有助于纠正经济和科技相脱节的缺点，促进经济和科技的结合，该理论已被很多国家和联合国、欧洲共同体、经合组织等具有国际影响力的组织所认同并采用。

美国管理学家德鲁克通过研究进一步发展了该理论，他认为创新有两种方式：①技术创新，即为某种自然物寻到新的利用方式，并且赋予其一种新的经济价值；②社会创新，即在社会和经济当中创造一种新的管理手段、机构或方式，进而提高在资源配置环节取得的社会价值和经济价值。

因此，创新不仅仅是工艺或者技术的新的发明，还是不断运转的一种机制，只有将新发明应用于生产实践，并对原有的生产体系产生积极效应，才称为创新。据此分析，创新的特点主要有：①企业是创新的主体；②创新本质上是经济行为，是为了获得潜在利润；③创新是否成功，是通过市场实现来检验的；④善于创新的人，是能够发现市场的潜在利润、拥有出色的组织才能、具备冒险精神的企业家；⑤创新是将科技和经济相结合，然后把科技转换为生产力的一个过程；⑥创新需要很多企业部门的合作，是一个比较系统化综合化的工程。

创新是一个不断推陈出新的过程，是一个进行创造性破坏的过程，在这个不断持续的过程中，具有良好创新活力的企业能够蓬勃发展，毫无活力的企业会被市场无情抛弃，大量新企业会不断崛起，这样的变化会推动资源的重新配置，使得经济良性发展。如同熊彼特的《经济发展理论》所阐述的那样，要想穿上技术的外衣，你就必须要撕毁另一件。由于创新具有群聚性和偶然性，并且存在很多种创新的方式，不同的方式对社会经济的影响也有很大的不同，这就导致了企业发展周期的波动，而企业无法避免这种周期性波动。这种现象和传统经济学对经济发展在整体结构上近于平衡的判定标准存在差异，和现代经济社会所重视的鼓励突破创新以及不均衡发展相一致。

虽然熊彼得第一次提出了创新的概念和相关理论，并详细列举了具体的创新形式，但是对于创新的严格定义，熊彼得并没有给出。索罗在他的著作中，提出了新思维和后阶段的实现发展过程是技术创新所需要具备的两个基本条件，技术创新领域把这个"两步论"认为是理论研究上的一个重要里程碑。伊诺斯在他1962年的著作《石油加工业中的发明与创新》中，首次明确了技术创新的定义，技术创新是许多行为共同作用的结果，主要包括资本投入的保证、制订计划、发明的选择、组织建立、工人招聘、市场开拓等。林恩从技术创新时序性的角度出发，对技术创新进行了定义，在他的观点中，技术创新开始于对技术的商业潜力的充分认识，结束于将这个新的技术转化为商品生产力，这整个过程就是技术创新。虽然在林恩和伊诺斯之后还有很多其他的创新经济学家对技术创新做了很多定义，但是其范围都是在林恩和伊诺斯两人所定义的创新范围之内。后来，缪尔塞通过自己对技术创新概念和各种定义的长达几十年的系统性研究之后，于20世纪80年代中期提出了技术创新的新的定义：创新是一个有意义的非连续性事件，其主要特点是构思新颖并且能够成功实现。

在中国，许多学者也从不同的角度对创新进行了定义。这些定义中比较有代表性的有以下几种：张培刚认为技术创新是一个过程，研究的对象是生产力的不断发展和变化，技术创新是用新技术代替旧技术，并将新技术应用于产品生产，然后将产品推向经济市场；傅家骥等人则认为，技术创新是一个综合性的过程，这一过程包括企业家为了获得高额的商业利润而进行的生产要素重新配置，用新工艺新产品开拓新的市场，建立新的组织体系等活动。

技术创新是一个很复杂的活动，涉及的影响因素有很多，出发点和落脚点不同就会产生不同的内涵，所以时至今日，对于技术创新也没有一个权威性的统一定义，各个学派的定义不尽相同。

技术创新的本质是将新的科技运用到产品生产和其他各个商业环节，从而对人们的生活方式产生积极的影响，提高人们的生活质量。真正的企业家是有勇气将新技术发现运用到原有的生产体系的人。站在社会学的角度来看待创新，创新是一个行动系统或一种社会行为，这种行为是由特定的创新主体所开启和实践的，把市场的成功拓展作为目标，把新技术引入生产体系作为新的起点，然后通过决策的研究、制定、技术转化、扩散等商业环节，实现新技术与生产要素的创新配置整合，以达到创新主体的经济目标和社会地位的提升。

技术创新的重要性可以从第二次世界大战后世界经济的发展中得到证明。从美国战后的经济发展来看，技术早已取代了劳动力等资源，成为社会经济中最重要的生产要素。20世纪的科技革命取得了辉煌的成就。进入21世纪，科技创新将更加突出。各种新材料、新能源、新技术等的发现和发明，将使人类以更快的速度向未知的空间扩展。同时，经济全球化和科技革命的无国界性，使高科技成为影响国家综合国力的重要因素，要想在世界经济当中占有一席之地，不断地进行技术创新，不断地增强国家的科技竞争力是很有必要也是很有意义的。

在当今经济发展中，技术创新的作用越来越重要。技术创新、技术革命、技术进步都会带来社会生产力的提高，这在一定程度上也会决定一个行业乃至一个国家的竞争力。技术创新的不断应用可以给社会生活的各个方面和世界经济的许多领域带来积极的变化，促进社会的不断发展。要想企业或者国家立于不败之地，那么不断进行技术创新是很有必要的。现如今国家间综合国力的竞争，其核心就是技术创新以及高新技术的产业化发展，加强我国的技术创新能力，不断实现高新技术的应用实践，是与我国的现代化建设息息相关的，关系到我国的国际地位和核心竞争力，关系到中华民族的伟大复兴。技术创新可以由科研院所和企业共同完成，也可以由企业自己完成。然而，技术创新是建立在相应产品成功市场化的基础上的，因此技术创新的过程中是少不了企业的。技术创新到底采取什么样的方式，这要以具体企业的实力以及创新环境作为参考因素来决定。对于大型企业来说，技术创新的要求是企业需要建立自己的技术研发中心，提升企业的技术研发水平，形成技术成果转化为生产实践的创新机制；对于中小企业，要不断深化企业的技术革新，建立新技术承接与转化的完善机制。在政府层面，需要营造一种将技术成果转化给企业充分利用的氛围，提高企业在整个创新过程中的地位。对于进行技术研发的高校以及科研院所，要不断加强把科技转换为生产力的概念，加快技术研发成果走向市场的步伐，使企业可以运用更多的新技术进行产品生产。

市场经济与技术创新之间的联系十分紧密。在进行技术创新时，必须明确市场是技术创新的根本动力。创新的根本目的是提高企业的经济效益。市场的竞争压力使得企业不得不进行技术创新。经济市场要求企业将更好的产品提供给消费者，消费者根据产品的实用性和性价比来选择是否购买，技术创新可以将消费者的需求和技术的发展结合起来体现于产品中，企业只有进行技术创新才能够在市场中找到属于自己的独特位置，新技术就是企业的无形资产，这样才能不断提升整个市场的竞争力，提高综合国力。

当前，中国仍是发展中国家，经济和科技发展水平与发达国家仍有一定差距。对于技术创新的认识在一个相当长的时期内都是不全面的，有时只强调经济因素，而有时又只强调技术因素。只有把经济和技术结合起来，才可能是现实的、可行的。技术创新不是简单的加法，不是把技术研发和技术应用加起来就完了，不是简单的 1+1=2，而是 1+1＞2 的加法，指的是技术研发和技术应用叠加起来的整体，整体大于部分的简单相加。在技术研发与技术应用的整体当中，不仅要站在技术发展的角度看待技术研发的可能性，还需要从市场的角度来看待技术研发的有效性。市场需要决定着技术研发的具体方向，而技术自身的发展规律性又反过来决定着这个方向成功的可能性。可以看出，技术创新过程由技术研发、成果转移、研发成果运用三部分构成。因此，技术创新实际上是科技与经济相结合的过程。只有认识到这一点，才能看到技术创新的意义和现实目的。

随着我国经济社会的不断发展，技术创新在我国经济发展中的作用越来越重要。推进科技创新是科教兴国战略的首要内容。技术创新是企业的生命之源，是企业长远发展的直接动力。以往我国的经济发展是以粗放式增长为主，但是很明显这样的经济增长早已不能适应今天的市场竞争，而引进来发展的模式也存在着这样或者那样的问题，经济发展的现实促使我们必须要重视科技创新，只有走科技创新的发展道路，企业才能摆脱国外企业的技术垄断，民族工业才能健康发展，在激烈的市场竞争下，企业只有推动自主创新才可以使生产的产品满足消费者不断变化的需求。

（二）技术创新理论的发展

技术创新的理论发展分为以下几个阶段。

第一阶段：20 世纪 50 年代初至 60 年代末。在这一阶段，科学技术发展迅速，新技术带来的技术革命对经济和社会发展产生了巨大的影响。人们逐渐认识到科学技术对经济社会发展的现实意义，开始将技术创新进行理论化系统化的研究。对技术创新理论研究的复兴，逐渐突破了新古典经济学的范畴，并对技术创新的起源、作用、过程、结构等问题进行了专题研究，还涉及了创新过程中的环境以及信息交流问题。这一阶段的研究成果由兰格里士、厄特巴克、迈尔斯等人于 70 年代总结得出该阶段理论研究的特点有以下几个方面。

在创新研究的初始阶段，研究主题较为分散，没有完善的理论框架。在管理方面，形成了技术创新的专门研究领域。技术变革对传统的组织管理产生了一定的影响。技术创新的主要研究角度是组织结构变动、管理策略、风险决策等。对经典案例做分析总结是主要的研究方法。

研究内容逐渐涉及创新环境和创新过程中的信息交换。厄特巴克等学者于 60 年代提出了有关技术创新的过程和影响因素的理论，指出技术创新的瓶颈在于创新主体缺乏内外交流能力。

总体而言，该阶段只是将创新作为变量来进行研究。

第二阶段：20 世纪 70 年代初至 80 年代初。在这一阶段，研究对象开始逐渐具体化，对不同角度、不同层次的创新问题进行了系统的研究。这一阶段是创新研究较为繁荣的阶段。其阶段特征有：

技术创新不再是管理学及经济发展周期理论的一部分，而是一个独立的理论体系；

研究的内容逐渐具体化，研究的角度和层次呈现多元化的局面，学术交流较为频繁；

更多的理论研究的方法被运用到技术创新的理论研究当中。

该阶段的理论研究存在着三个方面的不足：①研究内容分散，重复研究内容较多，许多研究课题尚未得出结论便被中途搁置了。例如，对创新行为特征的研究，不同的学者总共提出了三种特性理论，但是都缺乏对特性的深入探讨，且各特性之间存在重复的内容，这就影响了研究的理论价值和实践价值。②没有突出的研究重点。关于社会福利以及医疗教育方面的创新研究有很多，但是关于工业技术的研究很少。③对于创新的整个过程，存在前重后轻的研究现象。在进行决策和信息分析、相关影响因素与政策分析时对创新的采用环节比较重视，但是对创新实践具体过程的研究明显不足。

第三阶段：20 世纪 80 年代至今。技术创新的研究方向是多样化的。它不仅对已有的研究成果进行了总结，而且对一些专题问题进行了较为深入的研究，同时兼顾了研究成果在经济发展中的实际作用。这个阶段的研究理论成果有很多：缪尔塞在对前人研究的整理分析基础上对创新进行了重新定义；芒罗等提出了技术轨道和推拉综合模式的观点来解决技术创新源泉的问题；格温认为创新的过程存在不确定性；布朗等提出了相关性系统分析理论，并且对创新活动的评价体系、建立创新组织的规范、政府推动创新所实施的政策等问题进行了分析研究。该阶段的特点有：

研究方向多样化。主要有三种形式：①描述性总结，将各种问题的研究成果进行分门别类的总结；②折中协调，重新研究存在争议的问题，并结合新的实际，对所有理论进行综合分析，然后得出新的结论；③系统归纳，对以前的分散研究成果进行归纳分析，形成系统性的理论。

参考以往的研究成果，可以选择已经存在的关键问题进行更深入的研究。根据美国国家科学基金会 20 世纪 80 年代的报告可以看出当时的热门问题有：小企业技术创新、企业的创新行为和组织结构、创新风险决策、技术创新实现问题、企业规模与创新强度的相关性、市场竞争策略、创新学习扩散等。

注重研究成果对经济社会发展的积极作用。有些实用性较强的研究受到的关注比较多，例如创新组织的建立策略和规范、创新活动测度评价和创新的预测、对某行业创新发展的全过程分析等，并注意这些研究成果在经济社会发展规划中的应用。针对这些热点问题，美国提出了很多计划，例如小企业技术创新方法以及创新人才培养教育计划、大学与工业合作项目等。

国外学者对于技术创新的研究所使用的数据都是来自西方的工业发达国家，所以其理论成果对于这些发达国家的经济发展以及相关政策制定有着很强的指导作用。然而，我国仍处于经济转型期，工业化发展还有很长的路要走，经济水平与西方发达国家有很大的不同，国外的研究成果对于我国的经济发展状况的阐述不是很充分。

（三）政策与技术创新的关系

技术创新是创新主体企业的内部活动，而创新的外部环境也是企业创新的重要因素。外部发展环境的优势和劣势很大程度上是由于相关政策的限制和引导。技术创新与政策的关系是从整体到细节，因此与技术创新相关的政策是影响技术创新的最大外部因素。

马戈利斯认为，能源技术创新过程是创新主体和创新政策互相作用、相互影响的双向交叉链式过程。我国政府部门在能源技术创新实践过程中处于被动的主导者地位。因此，要提升企业作为技术创新的主体地位，就需要制定对应的政策，增加推动新能源技术创新的有利因素，完成技术创新战略。

政府制定政策，引导企业合理配置自身的技术创新资源，通过各种支持手段影响技术创新的过程和结果，是国家技术政策的重要内容。一般来说，利用政策促进技术创新的目的主要体现在以下几个方面：首先，政策导向要明确企业是创新的主体，充分发挥企业的创新能力促进技术创新。我国目前的创新环境很明显并非如此。国家一直是宏观层面上技术创新的领导者，但微观层面上企业的创新主体性不强，导致创新实践活动的效果不明显，技术创新的价值无法体现。因此，必须把握企业主体的技术创新。技术研发是企业技术创新的根本和内在属性。其次，政策可以强化资金投入对创新主体企业的基础支持，增加信贷范围。资金投入是技术创新的基础。创新主体企业资本链的断裂将对整个创新过程造成毁灭性的影响。这意味着以前的技术基础将一文不值，已经投入的资金将无法收回。所以，技术创新的过程也伴随着大量资金的消耗。特别是对于中国处在先头的产业技术创新，要突破国外的技术壁垒不仅要有前瞻性，更需要大量资金投入支持。此外，政策需要保持相对稳定，企业才能充分发展。企业主体的成长壮大需要充足的时间周期。政策的长期稳定性是企业发展完善的重要保障。所以，政策不易频繁更迭，只有实施长期战略，企业的技术创新才能有空间有步骤地完成向行业产业的技术创新演变。

二、新能源技术创新的理论分析

（一）新能源技术创新的原则

技术创新不能随意，也要遵循一定的原则，在原则的范围内进行有方向的发展。

1. 环保性原则

传统的技术创新观是一种单维度的经济发展观点，以追求实际价值为目标，经济价值是评价技术创新活动成功与否的唯一标准。在利润最大化的前提下，创新主体一定会将提高效率作为重点，围绕着效率进行技术发展。技术创新的目的不应局限于价值的实现，它的影响范围肯定不会只存在于经济领域。传统技术创新以人类中心主义为导向的实践活动已经产生了严重的环境危机。这种缺乏生态价值观的理念已经在国际大环境下无法生存。研究新能源技术创新的目的之一本就是解决日益严峻的环境问题，如果新能源技术创新战略不但不能解决反而加剧了环境破坏，那么就有悖于创新的初衷。

2. 长远性原则

能源技术创新活动不同于普通短期行业和产业领域，其创新周期长这一弊端决定了发展新能源的艰巨性。短期性的策略容易造成技术链和产业链的脱节，技术创新的积累性被打破，使创新的基点降低难度增大，所以新能源创新战略必须坚持长远性原则。

3. 可行性原则

任何技术创新活动都有风险，尤其是能源创新的周期长，这是技术创新的特征之一。冒着程度不一的风险进行社会实践开发新技术，如果不具备可行性，创新活动很可能无法达到预期甚至失败。因此，无论从宏观国家层面，还是从中观产业或微观企业上看，都会带来巨大的损失。从宏观上分析，损失不仅体现在经济层面，还体现在边际机会成本的缺失。从微观上分析，企业继续进行技术创新实践信心的丧失，导致中观上能源产业链可能发生断裂，新能源产业无活力。

（二）新能源与技术创新的关系

与科学哲学的核心认识论不同，技术哲学关注的是技术创新的实践及其社会价值提升，技术哲学的核心问题是价值论，契合当今世界的价值关注。技术哲学的价值特征表现了其独有的人文关怀，体现了科学技术的文化向度发展。以新能源为研究对象，是价值和人文关怀同时关注的最好体现。

从新能源的含义上可以看出新能源的"新"，从根本上体现在利用的新技术上。风能、生物质能等能源的使用历史悠久，为什么沿用数年之后仍然把它列为新能源范畴。其主要原因是旧的技术虽然有少部分沿用，但早已无法同时满足大规模、高效地利用这些资源。技术在特定的历史阶段限制了新能源的发展和概念范围。新能源企业的发展，新能源产业结构的优化升级，对国家的能源战略支撑，都是技术创新的结果，因为技术创新过程实际上是促进生产要素、生产条件、生产组织等的重新组合，这就导致了生产手段和生产结果的变化，引发新产业的培育和传统产业结构的升级。只有通过不断的技术创新，才能把同样的资源提升到不同的新高度，赋予它们新的历史使命和重点意义。

从技术创新的对象来看，主要从工艺技术、产品技术两个方面实施。而技术作用的对象是新能源。因此，创新对新能源的影响要通过技术来实现。一项技术的发展空间越大，它实际应用的前景就越广泛，其可能的生命周期就越长，这项技术的潜在价值就越大。新能源的发展依靠技术创新，而技术创新的速度和深度也受到新能源的前景影响，两者互相作用。

第二节　国内外新能源产业发展和技术现状

一、我国新能源产业发展和技术现状

新能源主要包括太阳能、风能、核能、生物质能、地热能、潮汐能、氢能等，自1993 年中国从石油净出口国转变为石油净进口国以来，对外石油的依存度逐渐增加。到 2015 年，石油对外依存度首次突破 60%，达到了 60.6%。我国国民经济的快速发展，对能源的需求将持续增加。在能源需求和能源供给矛盾持续加大的背景下，发展新能源产业对于改善我国能源消费结构、发展高新技术产业、保障能源安全、促进国民经济健康稳定发展具有重要的战略意义。同时，随着改革开放以来我国国民经济的快速发展，能源消费的快速增长也带来了严重的环境问题。二氧化碳、甲烷以及其他温室气体呈现出几何级数的增加，近年来我国许多地区极端天气时有发生；大量的有害气体排放也使中国在国际气候谈判过程中处于不利地位，在国际气候谈判中时常受到来自西方发达国家的非难。面对国内外环境的约束和国内能源的刚性需求，我国政府着眼于调整能源结构、发展高新技术行业以及实现国民经济的环境友好型发展，先后出台了多项政策促进我国新能源产业发展。我国政府在 2006 年发布的《国家中长期科学和技术发展规划纲要（2006—2020）》将新能源产业列为七大战略新兴产业之一，突出了国家对新能源产业的重视和支持。与此同时，为了进一步促进中国新能源产业的快速发展，中国政府又相继出台了《可再生能源法》《可再生能源中长期规划》《关于鼓励和引导民间资本进一步扩大能源领域投资的实施意见》等法律法规以及政策文件。在我国政府各项政策措施的推动下，近年来我国新能源产业呈现出快速发展的趋势，特别是以太阳能、风能、核能以及水电产业的发展最为显著。下面主要介绍我国新能源产业中产值占比较大、发展较为成熟的太阳能、风能、核能以及水电产业的发展情况及其技术创新现状，以便对我国新能源产业的技术创新现状有一定的了解。

（一）太阳能产业发展和技术现状

我国国土面积极为辽阔，是世界上太阳能资源最为丰富的国家之一，除了四川盆地及其周边地区太阳能资源短缺外，其他大部分地区的太阳能资源具有很大的开发价值。我国西藏西部、青海西部、新疆东部、宁夏北部以及甘肃北部等地的太阳能资源最为丰富，年太阳辐射总量 6680～8400 兆焦/平方米，相当于日辐射量 5.1～6.4 千瓦时/平方米，其中我国西藏西部的太阳年辐射总量达到 7000～8000 兆焦/平方米，位居世界第二位，仅次于排名第一的非洲撒哈拉沙漠地区。随着我国太阳能资源的日益丰富，太阳能产业成为我国发展新能源产业的优先选择之一。自 2000 年以来，太阳能技术的逐步成熟，发展太阳能产业的成本迅速下降，我国政府促进新能源发展的相关政策的实施以及在此期间国际能源价格的快速上涨，促使我国太阳能产业取得了快速发展。其中光伏产业发展尤为迅速，目前我国已经形成一个较为完整的光伏产业链。

2005 年，中国太阳能电池产量达到 1000 兆瓦，是世界上太阳能光伏产业增长最快的地区，同时在"十一五"时期，我国太阳能电池产量以年均超过 100% 的速度快速增长。2007 年以来，中国太阳能电池产量连续 7 年位居世界第一。2010 年，我国太阳能电池产量较上年同期相比增加 117.04%，达到 10 吉瓦左右，占世界太阳能电池总产量的 50%。2017 年，太阳能发电量 967 亿千瓦时，比上年增长 57.1%。在产量快速增长的同时，我国的太阳能技术也取得了一定的成就。其中，晶体硅高效电池、多晶硅薄膜电池技术以及应用方面不断与发达国家缩小差距，并网发电技术也日益成熟。然而，我国太阳能技术与发达国家仍有一定差距。其中，实验室光伏电池发电效率低于瑞典近 10 个百分点，一般商业光伏电池效率低于发达国家 5～7 个百分点。太阳能产业作为一个新兴的新能源产业，其快速发展的同时也面临着包括技术创新、政策支持等方面的诸多问题与挑战。

2013—2016 年，中国连续四年光伏发电新增装机容量世界排名第一，2016 年新增装机容量 34.54 吉瓦，同比增长 126.31%，占全球新增装机总量市场份额由 2008 年的 0.60% 增长到 2016 年的 45.65%，累计装机容量在 2016 年年末达到 77.42 吉瓦，继 2015 年超越德国之后继续保持世界第一。中国光伏产业经过市场洗牌，产业升级，产业格局发生了深刻的变化。2016 年，中国光伏产业总产值达到 3.360 亿元，同比增长 27%，整体运行状况良好，产业规模持续扩大。2016 年，我国多晶硅产量 19.4 万吨，占全球总产量 37 万吨的 52.43%；硅片产量 63 吉瓦，占全球总产量 69 吉瓦的 91.30%；太阳能电池产量 49 吉瓦，占全球总产量 69 吉瓦的 71.01%；电池组件产量达到 53 吉瓦，占全球总产量 72 吉瓦的 73.61%，产业链各环节生产规模全球占比均超过 50%，继续位居全球首位。2016 年，我国多晶硅进口约 13.6 万吨，多晶硅自给率已超过 50%；光伏电池组件出口约 21.3 吉瓦，国内新增光伏装机容量约 34.54 吉瓦，光伏电池组件产量的自我消化率已经超过 50%，中国光伏"两头在外"的局面得到大幅度的改善。中国光伏制造的大部分关键设备已实现本土化并逐步推行智能制造，在世界上处于领先水平。同时，中国光伏产品出口面对的国际光伏市场格局也发生了重大变化，中国光伏的国际市场已从发达国家延伸到发展中国家，中国光伏产品出口市场的多元化发展态势明显增强，市场范围已经遍及亚洲、欧洲、美洲和非洲，其中中国、日本、印度、韩国、泰国、菲律宾、巴基斯坦、土耳其、东南亚、拉丁美洲、中东和北美均出现了较快增长；全球光伏应用市场的重心已从欧洲市场转移至中、美、日、英等市场，中、美、日、英市场合计已占据了全球市场的 70% 左右；新兴市场如印度、拉丁美洲诸国及中东地区则亮点纷呈。欧洲市场已从 10 年前占中国出口市场的 70% 以上，下降到 2015 年的 20% 以下，亚洲市场快速成长并在 2016 年占比超过了 50%。中国光伏产业历经曲折，在各项政府扶持政策的推动下，通过不断的技术创新，产业结构调整，产品持续升级，重新发掘国内外市场，建立了完整的产业链，产业化水平不断提高，国际竞争力继续巩固和增强，确立了全球领先地位。

（二）风能产业发展和技术现状

风是地球上的一种自然现象。它是由太阳辐射引起的，太阳辐射到地球表面，地球表面各处受热不同，产生温差，从而引起大气的对流运动而形成。风能是一种可再生的清洁能源，储量大、分布广，但是风能的能量密度低，并且不稳定。到达地球的太阳能中只有不到 2% 转化为风能，全球的风能约为 27.4 亿兆瓦，其中可利用的风能为 2000 万兆瓦，比地球上可以开发利用的水能总量还要大 10 倍左右。随着国际油价的大幅增加以及环境保护压力的逐渐增加，世界各国对风能资源开发的重视逐渐增强，风电消费比重逐渐增加。根据国际风电协会发布的《风电展望 2006》报告的相关数据显示，保守预计到 2030 年风电将会占到全球电力供应的 5%，到 2050 年将会进一步达到 6.6%；在乐观的情况下，将会分别达到 29.1% 和 34.2%。

中国国土资源较为辽阔，海岸线较长，风能资源较多。作为 21 世纪传统能源理想的替代能源之一，我国风能的开发利用相对成熟。目前，我国风能主要以风力发电形式进行开发利用，随着我国风力发电技术的逐步成熟，风力发电的经济性逐渐与火电、水电的差距缩小，并且随着我国对风力发电的技术研发投入逐步增加，相关配套产业发展的日趋成熟，风力发电的成本将进一步降低。根据全球风能理事会的统计数据显示，2015 年全球新增风电装机容量 63 013 兆瓦，较上年同期相比增长了 22%；其中我国风电新增装机容量 30 500 兆瓦，占全球风电新增装机容量的 48%。截至 2015 年年底，全球风电装机容量累计达到 432 419 兆瓦，较上年同期相比增加 17%；其中我国风电装机容量为 145 104 兆瓦，占全球风电装机容量的 33%。风电产业的技术性较强，发展风电产业符合我国经济结构调整的政策目标。同时，由于风电行业上下游带动明显，我国在 20 世纪 70 年代末就开始尝试开发风电机组，从 1996 年开始，我国政府相继实施了如乘风工程、双加工程、国债风电项目等一系列政策措施支持我国风电产业的发展，同时对于风电企业也给予一些财税优惠政策，特别是自 2006 年《可再生能源法》颁布以来，对于风电产业更是出台了一系列的发展扶持政策，如给予风力发电上网价格补贴、风电机组投资税收减免等，我国风电产业发展更是呈现飞速发展的态势。

2008—2015 年，中国风电并网机组装机容量年均增加 208.4%，风力发电量占电力供应总量的比例由 2008 年的 0.38% 增加到 2015 年的 3.23%。在风电产业出现了许多技术领先、生产规模大的企业，我国风电产业的核心技术装备的国产化率较高，风机的单位千瓦成本较低。

（三）核能产业发展和技术现状

核能又称为原子能，是通过转化原子质量从原子核释放的能量。核能目前主要运用在军事领域和民用领域。在军事领域中，由于其释放出的巨大能量，主要被用于制造原子弹、氢弹等大规模杀伤性武器；在民用领域则主要是用于核能发电。核能发电，即利用核反应堆中 U 原子核的裂变释放出的热能进行发电。核能发电较其他能源形式具有巨大的成本优势：首先，核能释放的能量巨大，根据爱因斯坦的质能方程，较小原子质量可以释放出巨大的能量，开放利用潜力较大；其次，核电的发电成本主要有核反应堆的建设成本、核燃料费、核反应堆的运营费，综合考虑核电站的运营寿命、发电效率以及燃料成本之后，核电较其他形式的能源发电成本低。

尽管世界上主要核电国家利用核电时间较长，但中国由于经济发展相对落后，核电利用较晚，我国自 20 世纪 80 年代才开始建造核电设施，其中秦山核电站是我国自行设计建设的第一座 30 万千瓦压水堆核电站。现阶段，中国是世界上在建核反应堆和计划建设的核反应堆最多的国家。截至 2015 年年底，中国在建和规划中的核电设施共计 77 座。截至 2018 年 6 月，我国投运核电机组 38 台，共约 3690 万千瓦，在建 19 台机组，共约 2100 万千瓦。在建的 19 台机组将有望在 2018—2022 年陆续投产，预计到 2020 年，在运机组可达 5200 万千瓦，与规划中要求的 5800 万千瓦差距不大。就目前审批的机组计算，到 2020 年在建机组仅约 600 万千瓦，与规划中要求的 3000 万千瓦差距较大，若要完成规划的要求，则 2018—2020 年，每年需新审批 6～8 台核电机组。核电较其他形式的能源具有巨大的发展优势，发展核电对于改善我国能源消费结构、保障能源安全以及提高我国高端装备制造业的技术水平具有重要意义。为确保我国核电产业健康有序发展，政府有关部门相继出台了一系列促进核电产业发展的政策和规划措施。

随着我国核电机组装机容量和发电量的增加，我国核电产业亦呈现出良好发展的形势，国内具有核电设备生产能力以及制造资质的厂商不断增多，核电技术的研发投入不断增加，形成了以上海电气集团、哈电集团、东方电气、一重集团、二重集团为核心的核电装备制造厂商；与此同时，我国核电技术不断成熟，相关技术基本实现了完全自主，不仅满足国内核电设施的建设，也积极走出国门承建国外核电设施的建设，英国政府批准的核电项目，我国核建厂商中广核便参与其中。在原料提取、废料处理以及核电机组运营等方面，我国核电产业的技术水平也处于世界前列。

（四）水电产业发展和技术现状

水电是一种清洁能源，具有可再生、无污染、运行成本低的优点。同时，开发水电资源有利于提高资源利用率和经济社会的综合效益。根据最新的水能资源普查结果可知，我国水能资源理论蕴藏量高达 6.94 亿千瓦，水能资源理论蕴藏量居世界第一；技术可开发量为 5.42 亿千瓦，经济可开发量为 4.02 亿千瓦，两项数据均居世界第一；我国水能资源主要集中在西南地区，约占全国水能资源总量的 2/3。我国利用水能资源的历史较长，第一座利用水能发电的水电站早在 1905 年于我国台湾省建成。改革开放以来，我国各地陆续建立起利用长江水能资源发电的水电站。其中，最著名的是长江三峡水电站。三峡水电站目前发电能力世界第一。2005 年，我国水电装机容量达到 1.15 亿千瓦，超过美国达到世界第一，占全国发电装机容量更是达到 20%。

2005 年以后，随着国际能源价格的上涨和《可再生能源法》的颁布、实施，我国水电产业的发展这在一阶段也呈现出快速增加态势，2010 年我国水电装机容量更是突破 2 亿千瓦，水电装机容量继续稳居世界第一。在整个"十二五"期间，我国水电年均新增装机容量为 1922 万千瓦，2015 年年底我国水电装机容量约达到 3.2 亿千瓦，比上年增加 4.82%，占全国发电机组装机总量的 21%；新增水电装机容量 1375 万千瓦，约占 2015 年全国新增发电装机容量的 10%。水电装机容量的快速增长也带动了整个水电产业链的发展。目前，我国水电建设企业不仅积极拓展国内市场，而且积极进入国际市场，参与国外水电站建设；与此同时，我国水电装备制造技术在近 10 年也呈现质的飞跃，核心技术装备的国产化率逐步提高，并且整个水电产业的发展对于整个上下游产业的带动较为明显。

二、发达国家新能源产业发展和技术现状

西方国家率先完成工业化。在工业化过程中，能源消费主要以煤炭、石油等传统化石能源为主，化石燃料的大量使用不仅带来严重的环境问题，而且有经济发展过程对化石燃料的严重依赖，而工业化国家国内蕴藏的资源难以支持其经济规模，能源需求大量依赖进口，这又引起了能源安全问题。在 20 世纪 70 年代爆发的中东战争中，欧佩克石油集团国为了报复以色列以及其他支持以色列的国家，对石油实行了禁运措施，国际原油价格上涨 3 倍多，严重损害了西方发达国家的经济，对于美国正在发生的严重通货膨胀更是起到了推波助澜的作用。从 20 世纪 70 年代起，西方发达国家为了改善能源消费结构、保障能源安全、保护正在恶化的环境以及发展高新技术产业，竞相发展新能源产业。这里选择三个对我国新能源产业发展具有重要借鉴意义的国家予以介绍。

（一）美国

美国作为世界上最大的经济体，长期以来一直是世界上能源消耗最大的国家。在美国的日常消费支出中，能源支出一直保持在较高水平。能源价格的波动对美国国内价格水平的影响更大。自20世纪70年代石油危机以来，美国政府出台了多项政策措施促进新能源产业的发展，不仅对新能源技术的研发给予税收减免，也对新能源产业的投资出台了多项税收抵减措施。同时，对新能源用户也给予一定的补贴，扩大市场对新能源的需求。在新能源政策引导方面，2005年布什政府出台了《2005年国家能源政策法》，提出了对光伏产业投资的税收减免政策；美国国会在2007年颁布了《美国能源独立及安全法》，提出到2025年清洁能源技术和能源效率技术的投资规模达到1900亿美元，900亿美元投入能源效率和可再生能源领域，600亿美元用于碳捕捉和封存技术，200亿美元用于电动汽车和其他先进技术的机动车，200亿美元用于基础性的科学研发。在2008年金融危机中美国政府的7810亿美元的经济刺激计划中更是拨出约470亿美元用于新能源技术的研发，同时新能源产业为奥巴马政府重点发展的产业之一。作为世界新能源产业发展的领导者，美国在智能电网、核电技术、太阳能光电技术、新能源汽车以及其他的清洁能源如页岩气、乙醇汽油等方面发展均处于世界领先地位，著名的新能源汽车特斯拉就是美国企业所生产。美国新能源产业在成熟的资本市场、完善的政策支持以及雄厚的科研资源的支撑下，发展势头较为迅速。

（二）日本

第二次世界大战后，日本经济经历长达20多年的快速增长，由于日本国土狭窄，资源匮乏，经济增长所需的能源大部分依靠进口。在20世纪70年代石油危机爆发之后，日本经济对国外能源依赖的弊端逐渐凸显。与此同时，由于日本工业化进程的加速，经济发展带来的各种环境问题开始出现。在此背景下，日本开始开发新能源技术以及能源节约技术，日本政府在日本新能源产业的发展中发挥了重要作用。在70年代石油危机爆发之后就随即出台了"阳光计划"以促进新能源产业发展，之后，日本政府在1980年出台了《关于促进石油代替能源的开发和导入的相关法令》，重点强调了对核能、天然气以及海外煤炭能源的开发；随着新能源技术的逐渐成熟以及新能源产业化初步成形，为了促进新能源使用的普及，1993年日本政府颁布了"新阳光计划"，鼓励国内企业对太阳能电池、燃料电池、地热能、风能等新能源技术的开发利用。由于日本的地理位置特点，太阳能技术以及核能技术的产业化程度较高，日本太阳能光伏市场主要是以住宅用光伏发电为主，通过对住宅用户发放定额补助以及电价补助促进住宅用户光伏发电的使用，在日本政府的各项政策支持之下，日本太阳能光伏发电市场规模急剧扩大，2002年日本光伏发电累计并网量为70万千瓦，而到2013年增加到1766万千瓦。日本在使用核能技术方面也处于世界领先地位。早在19世纪，日本就开始了商用核能发电站的运行，经过几十年的发展日本核能技术逐渐成熟，并且核电在日本一次能源发电比重高于其他形式的新能源，2010年日本核电占一次能源发电的比例为15%，但是日本地震导致的福岛核事故发生后，相关核电站的停运导致了核电占比大幅下降，到2012年更是下降到了0.6%。

（三）德国

德国作为欧洲第一大经济体，也是欧洲能源消耗最大的国家。第二次世界大战战败后，德国国内经济遭受了毁灭性的打击。德国的经济发展轨迹与日本相似。它在第二次世界大战后经济出现腾飞并在短时间内成为欧洲第一大经济体。经济的快速发展必然导致能源消费的快速增长。在20世纪70年代之后，德国开始注重调整能源消费结构，增加更加环保、可再生的新能源的使用。德国是一个典型的富煤少油国家，其国内消耗的石油90%以上都是依靠进口，能源安全问题非常严峻，同时基于德国自身地理位置的考虑，太阳能、风能以及生物质能技术成为德国优先发展的新能源技术。为了促进新能源产业的发展，德国先后出台了《可再生能源法》《优先利用可再生能源法》《新取暖法》等法律法规，在能源收购价格、财政补贴、投资税收减免等方面给予新能源产业优厚的政策。2010年，德国政府公布的《德国联邦政府能源法案》提出了德国新能源产业的发展目标，并且制订了德国能源中长期发展方案，在方案中提出，水电、风电、光电以及生物质能发电在德国电力消费中占比到2020年、2025年、2040年和2050年分别达到35%、50%、65%、80%。经过几十年的发展，德国的新能源产业已经粗具规模。2013年，德国可再生能源消费总量为3180亿千瓦时，其中发电利用约1500亿千瓦时，比1990年增加了7倍左右，比2005年增加了约1.5倍。在可再生能源发电中，风力的发电规模最大，达到了534亿千瓦时，风电的装机容量为3437万千瓦，较2000年增加了2830万千瓦，成为德国可再生能源中占比最大、发展最快的能源形式。

三、发达国家新能源产业发展对于我国的经验启示

传统化石能源资源的逐渐枯竭及其消费所带来的严重环境问题，促使世界各国竞相发展新能源产业。增加能源消费结构中新能源的消费比例对于目前改变传统化石能源难以支撑现有经济增长、改善逐渐恶化的环境以及通过发展新能源产业带动产业结构升级具有重要的意义。从上面分析中国新能源产业的发展我们可以看到，中国的新能源产业化起步相对较晚，真正取得初步成效还是在2006年《可再生能源法》颁布实施之后，而西方发达国家在20世纪50年代开始尝试新能源技术的商业化，并在70年代之后开始大规模进行产业化。与此同时，西方主要发达国家的能源市场已基本实现自由化，能源价格的形成较少受到政府干预，灵活的价格机制对于调整能源市场的平衡和促进新能

源产业的发展至关重要。新能源产业也成为发达国家促进经济增长的一个重要着力点，并且其新能源政策具有一定的连贯性，美国新能源产业经过几十年的发展，其国内新能源技术居于世界前列。2008 年金融危机后，奥巴马政府启动新能源计划以进一步促进美国经济增长和新能源技术的发展。此外，日本、德国旨在促进新能源产业发展的相关政策经过几十年的发展日趋成熟，而我国新能源政策真正呈现系统化还是在 2006 年《可再生能源法》颁布实施之后。目前，我国新能源产业正处于快速发展阶段。太阳能、风能、核能等发电机组装机容量均处于世界前列，并且为世界上新能源产业增长最快的国家；核心装备国产率逐年增高，技术水平连年提高。然而，在国家发改委制定的《可再生能源产业发展目录》中，我国处于技术研发、技术开发和技术改进阶段的可再生能源项目占项目编号总数约 80%，处于商业化阶段的仅占 18%；新能源技术的落后，能源转换效率的低下使得新能源应用的成本长期居高不下；以发电技术为例，小水电的发电成本为煤电的 1.2 倍、风力发电为 1.7 倍、沼气发电为 1.5 倍。除水电建设技术外，中国新能源产业位居世界前列。其他包括核电技术在内的新能源技术均落后于发达国家，一些关键的零部件还是要依赖进口；一些产品如太阳能电池、风能发电机产能严重过剩，并且因其技术含量、产品附加值低，成为西方发达国家"双反"调查的对象。我国新能源产业要改变技术落后、产品附加值低的现状，要借鉴西方发达国家发展新能源产业的经验，完善各项政策措施，加大新能源技术研发投入，提高整个产业链的技术水平，加快现有产业结构调整，拓展新能源产业的市场规模，改善能源消费结构。

第三节 中国新能源技术创新战略

关于中国新能源技术创新战略，陈昌曙认为，应"紧紧抓住'实践'，从'微观''中观'和'宏观'三个层面，既基于思想史，又结合现代实际"。创新主体有不同的层次，在宏观上是国家，微观上是企业，介于二者之间的层次是产业和区域。新能源产业创新和区域创新可划归为中观层次。新能源领域涉及面广，以单层次去研究势必有局限。只有从不同的主体层次去分析，才能更完备地诠释新能源的技术创新战略。

一、微观层次的技术创新战略

微观层次的技术创新是新能源创新战略的最基础部分，也是新能源创新战略实践在实际中的入手点。

（一）坚持企业自主创新战略

历史已多次阐明，世界上没有完全相同的国家，即使是相同的社会制度，在意识形态构建和法律与政策方面也会凸显出带有本国特点的烙印。中国就是一个典型的例子。国内外的经验表明，技术创新应立足于国内技术的自主创新的基础上，加强对自主知识产权的保护，这样开发出的技术更具有实用性、经济性。

中国直面日益增长的国内新能源技术需求的压力，直面跨国公司在人才、技术市场等领域的激烈竞争，"市场换技术"的技术引进战略将逐步失效，部分国内脆弱的新能源产业价值链难以维系。国际几大公司对中国新能源发电产业进行了大规模入侵，收取高额技术转让费，并加紧对引进其技术的中国企业进行控制。许多中国企业不得不走合资，依附于技术先进、资金雄厚的跨国公司的道路，接受跨国公司确定的国际分工，成为跨国公司的生产加工基地。这是我们没有坚持新能源自主创新的后果。企业自主创新能力不足，难以形成产业化。中国核心技术没有自主知识产权是新能源技术依靠引进和大型新能源设备仍旧依赖进口的主要原因。我们必须积极引进国外的先进能源技术，坚持自主创新开发。

新能源的发展依赖于新技术的出现。在自主创新的同时，也要注重知识产权保护。风电技术、太阳能技术在现在看来很新颖，但在未来它们极有可能成为新能源发展的重要"必备"技术，如果在新能源知识产权领域没有相应的立法和政策规定，极有可能被发达国家抢占先机。我们在这一方面有深刻的教训，在发电脱硫技术方面，由于我们在初期没有注意专利申请，导致每一步的发展都受到国外专利技术的限制。更重要的是，全球新能源技术专利申请已进入关键阶段。因此，加强新能源技术的知识产权保护，并从立法和政策的角度加以引导，将是我国未来新能源自主技术创新的主要组成部分。由于技术壁垒的存在，难以知晓引进的国外技术是否真正有核心价值，而且随时担负着技术壁垒的打击。加快推进我们的整体研发能力形成规模化产业，就必须保证自主创新的重要战略地位。

保护自主知识产权是新能源自主创新的重点。在我国，新能源产业尚处于起步阶段，经济拉动更多体现在技术价值上，而一些新能源产业的市场条件还不成熟，必须得到政策的支持。因此，中国新能源产业发展应注重立足于具有自主知识产权的新能源产业方面，避免中国既没有实际获得并掌握发达国家新能源前沿技术又丢失国内市场的不利局面。利用中国巨大的能源市场优势，推动新能源产业自主创新和发展。在技术配置方面，应考虑在中国原有核心技术的前提下，进行技术组合，而不是随意推倒原来的，重新建立新的技术安排，逐渐构建具有中国范式的新能源企业技术发展模式。

（二）注重人才培养战略

创新实际上是打破规则中的规则。只有思维的创新才能有技术的创新，人是创新思维的源泉。从这个角度来看，人是最基本的微观层次下技术创新的主体，直接通过技术进行社会实践。与科学创新微观主体是科学家或学者不同，技术创新的微观最基本主体是工程师或技术工人，正是他们决定了技术创新的能力。因此，人才在技术创新中尤为重要。在技术创新的相关领域，人才的意义不仅体现在企业创新队伍中，也体现在高等院校和科研院所的队伍中。由于人才的质量和数量是高校和科研院所的优势，没有高校和科研院所的参与，国家创新体系将无法形成。

要建设高素质人才队伍，支持企业人才队伍建设，必须加快和完善科技人才创新激励机制。同时，通过各种优惠条件吸引国外能源技术人才来华发展。依托各国引进计划和海外高层次创新创业人才基地建设，努力把外国高技术人才留在中国。在高等院校和技术院校培养新能源技术人才的摇篮中，在这些学校直接设置新能源产业相关学科和专业是行之有效的办法。建设创新人才培养模式，建立企校联合培养人才的新机制，提前对在校学生进行新能源基础方向的引导，促进创新型、应用型和复合型人才的培养。

此外，更重要的是重视高层次关键人才的培养，可以有方向有梯度地引进和培养一批处于世界科技前沿、勇于创新的技术带头人，以及具有宏观战略思维、能够组织重大科技攻关项目的科技管理专家。加强优秀青年人才培养，培养年轻人的创新精神和实践能力，倡导相互协作、集体攻关的团队精神，建设专业技术人才梯队。

二、中观层次的技术创新战略

"'中观'这个概念，用来指称介于'微观'和'宏观'之间的行业、产业或'区域'范围。"中观层次的技术创新战略，在实际中有效地过渡了微观和宏观上的缺失部分。

（一）针对区域特点发展重点技术战略

中国幅员辽阔，自然资源丰富，新能源种类繁多，开发新能源所需的原料和资源十分充足。资源丰富的背景并不意味着中国的新能源技术可以得到充分的推广，均衡发展理论并不适合中国的国情。其中，能源区域定位问题十分重要，即需要对区域新能源发展的阶段、环境、条件的特点做出恰当的判断。最后，根据当地新能源的实际分布情况，选择具有优势的新能源进行产业化协调发展，防止造成资源的浪费和重复性建设。

中国生物质能发电重点分布在华北地区。生物质发电产业的区域分布特征明显。首先是资源定位限制，其次是生物质能特有的生产性质决定。特别是农作物资源丰富地区建设秸秆直燃发电项目规模效益高，有利于降低成本；在东部发达地区城市垃圾产生较多，相应的垃圾焚烧厂就比较集中。

从相关数据可以看出，无论是风电还是生物质发电都呈现出明显的地域性特征，那么在这些区域应该重点发展对应的新能源技术，不能平铺式地将各种类新能源同等力度发展。新能源区域技术创新是把握区域自然优势资源，在区域范围内针对重点技术进行R&D（科学研究与试验发展）投入。这里恐怕要暂时抛弃一定程度上的技术优势，因为区域的资源优势在区域技术创新中应该摆放在更靠前的位置考虑。毕竟在国际上总体来看，中国能源的自然资源优势要好于技术优势。事实上，中国缺乏高端新能源技术，优势并不明显。R&D投入和新市场是能源技术创新活动开展和扩散的诱导因素。因此，各地区必须抓住地理新能源的优势，通过控制R&D投入调整各类新能源在中国各地因地制宜有重点的支持，加速优化中国能源结构，促进能源可持续发展。

（二）规模化与产业化并进战略

新能源价格一直是制约新能源发展的最大障碍。降低价格的有效途径是规模化、产业化，从各个环节节约成本。所以，新能源产业必将是未来各国产业发展的主要方向和新的利润增长点。从我国现阶段来看，新能源产业链的初步形成并不十分困难。例如，光伏产业已经初步形成了产业链，但将产业规模化和群体化，有效地形成重点产业做大做强却比较困难。

从微观上看，新能源技术创新的主体是企业，中观层面的新能源产业技术创新表现为企业技术创新的规模化和群体化。通过新能源技术创新的商业化和扩散过程，突破传统的新能源技术，使新能源产业实现整体的高效化。当然，新能源产业创新活动仍然是以企业技术创新活动为基础和主体的，但绝不仅仅是在新能源产业中不同企业技术创新结果的简单叠加，它是新能源产业中许多企业技术创新成果的有机组合与扩散。规模化是由微观向中观演化阶段的一个必要特征，需要借助技术创新才能实现产业发展。脱离技术创新的新能源产业虽然在单维度面上可以大规模地扩张，但由于缺乏深度推进，导致产业升级困难。这种变化也不能被视为严格意义上的新能源产业成长。新能源产业的成长使得技术创新得以实现，为新能源更好地发展提供了环境，促进了技术创新质量和速度的提升。

规模化、产业化使技术创新的主体上升为中观层面的新能源产业。一方面，新能源产业的升级要以技术创新为基础。没有技术创新，新能源产业的扩张只能停留在平面上，难以引发产业升级。实际上也就不是真正意义上的新能源产业成长。新能源产业成长不能仅仅只有量的扩张，更要有质的跨越。这种变化是新能源产业发展的内在本质。另一方面，技术创新之所以能够实现市场需求，是因为技术创新能够将新能源体现出价值的最大化。然而，其实践仍要首先建立在具有规模化和集群化的产业基础上，通过这种方式提高生产力，即产业进一步成长。此外，技术创新与新能源产业发展进程呈现出相似的速度。技术创新的过程遵循其发展规律，同时受到各种因素共同作用。新能源技术创新的速度取决于新能源产业和技术本身的性质，两者是相互依存的。在一定条件下，技术创新可能呈现加速趋势，以新能源技术创新为支撑的新能源产业成长也会随技术创新的速度或快或慢。

三、宏观层次的技术创新战略

宏观层次的技术创新战略即可以指向国内也可以指向国际。辨明趋势是中国新能源技术创新战略的大方向指导。

（一）整体统筹规划战略

企业虽然是技术创新投资的主体，但也是技术创新运作和技术创新结果的承担主体。然而，在新能源产业技术创新规模的趋势下，单个企业很难把握国内乃至国际的整体发展环境，难于适时地根据市场状况调整技术创新的方向及步伐，如有许多新能源发电企业在不具备并网的条件下，盲目扩大发电规模导致损失。因此，需要作为技术创新活动规则制定者的政府发挥作用。政府作为国家宏观层面技术创新的实际主体，不管在国内还是在涉及全球的新能源领域内都要发挥其自身作用。从宏观上看，在国家层面，政府主要是制订促进国家整体发展的政策和计划，引导技术创新，调控技术创新活动。在地方层次，地方政府一方面贯彻国家宏观调控政策，另一方面结合当地实际情况，制订和实施促进当地发展的计划和措施。从微观上看，政府在创新中的作用主要体现在：对企业的间接管理，对企业的直接管理，通过非官方的中间组织对企业进行管理，提供基础设施和公共服务几个方面。

没有国家层面统一部署会出现政出多门、政策法律法规重叠甚至相悖的情况。此外，如果不能统筹规划，新能源的各类别之间以及中国各区域内重点扶持种类都势必会出现恶性竞争，大环境下不利于新能源技术创新的长久发展。国家层面的技术创新是以安全战略、可持续发展战略和中长期发展战略的综合能源科技发展战略，是以制定并形成协调、统一的能源科技政策为前提和基础。

加快新能源技术创新，必须依靠国家层面的支持和保护。只有做好能源发展总体规划，建立合理的费用分摊机制，才能提高新能源竞争力。组织制定国家能源科技发展的重大方针政策、发展战略和规划，部署满足国家经济社会可持续发展、保障国家能源安全的能源科技战略任务。将能源科技进步和创新作为推进新能源生产和利用的变革方式，同时也是合理控制能源消费总量的重要途径。充分发挥国家发改委、能源局、科技部、工信部等各政府部门和中科院、高等院校等科研机构的作用，逐步建立开放、可持续的能源技术创新体系，形成长期、滚动的发展战略和科学、有效的科技创新运行机制。

（二）充分利用国家创新体系战略

国家创新体系的战略就是与高校、科研院所建立产学研合作机制。虽然技术创新的主体是企业，但是对于中国而言新能源相关企业主体掌握技术的程度各有差异，单纯凭借企业本身力量进行技术创新，时间会延长，也较为困难。合作化战略绝不是简单地叠加，而是优势互补。国际上许多国家都有本国的国家创新体系。英国建立产学研教学公司，规定英国教学公司项目（TCS）必须来源于生产实际中确实需要解决的问题。德国是实施"主体研究开发计划"和"创新网络计划"。就中国而言，产学研合作大多以建立大学科技园区的方式实现。要充分利用国家大学科技就不能单一以"量"来评价，更多地要注重"质"。

以高水平企业为主体，产学研相结合，有重点选择性，大规模建设新能源产业。产学研合作机构主要是企业、高等院校、科研院所的联合，合作的目的是完成新能源技术创新，使创新形成生产力。从宏观上看，国家创新体系的建立和完善就是通过产学研合作的转化功能、组织功能、实施功能，达成新能源技术创新的战略。各科研院所、产业部门、企业可以共建主体开发中心，也可以高校与企业之间人才互聘，建立起相互开放、相互交流、相互渗透的技术创新网络，形成互动合作的模式，相互促进，共同成长。通过大学和科研机构与企业的广泛合作，使得技术创新步伐明显加快。而政府的任务在这里则不是以出台政策方面体现的，而是以自身特殊的地位积极建立信息桥梁，促使各方增加了解、达成互信。

产学研合作能够保证并促进企业成为技术创新的主体。技术创新的主体是企业，企业是技术创新的组织承担者、物质承担者、运行者。产学研合作是企业作为技术创新主体完成技术创新过程的最佳模式。企业要成为技术创新的主体，需要结合市场需求和技术发展来实现，即企业要在产学研合作的互相促进的模式中成为主体。产学研合作模式也可以实现新能源产业、高等院校、科研机构的资源优化配置。产学研合作是当今世界各国科技与经济结合发展的一种成功范式。用新能源技术改造甚至代替传统能源技术，增强企业的核心竞争力，已经成为技术创新的重要途径。产学研合作的基本目的是实现技术创新成果的商业化和产业化，这种合作可以同时满足合作的几方互相需要，各自掌握着生产要素，各自都能为合作提供相应的优势资源。

（三）双向国际化战略

加快新能源技术创新，既要引进来也要走出去，积极开展国际合作，与国际接轨、建立合作模式是一种重要的战略途径。中国作为世界上重要的能源生产消费国、作为对全球温室气体排放有重大影响的国家，在新能源建设方面无疑会对未来国际能源发展和全球气候变化的改善起到关键作用。从宏观上看，中国与世界各国在新能源技术创新方面的合作将发挥更大的作用。

第一，新能源国家层面合作是中国获得技术创新和资金的快捷通道。这种战略使企业主体的技术创新条件和资源大幅度增加了外延性。在此基础上，以技术为依托的新能源产业将获得更多有利因素，促进技术创新的成功概率和速率，推动新能源产业升级。新能源技术创新与传统能源发展是不同的，它强调对能源技术的利用。毫无疑问，国际合作是加快应用新能源技术的主要手段之一。通过国际合作，尽快引进国外先进的技术也可以实现技术的优化升级。此外，新能源技术创新的特点必然需要大量的资金支持，加强国际合作，能充分吸纳国际资金，对于创新主体来说十分重要。

第二，新能源合作是中国争夺新能源话语权的重要一步。当前国际新能源发展框架尚未完全建立，体系和行业产业标准还很零散。这是中国积极从事新能源建设，发挥自身技术和资金优势，在未来国际新能源机制中占有一席之地的良好机遇。国际新能源合作是中国在世界上实现新能源话语权的重要一步。通过这种合作，中国可以将自己的新能源理念、价值和思想扩展到全球，让世界接受中国的新能源标准，为中国未来的能源技术发展打造一个具有优势的国际地位。

第三，充分利用国内外两个市场、两种资源，增强我国新能源技术创新的主动权，深化国际能源科技交流与合作，为"走出去"创造条件。充分利用技术展览、论坛等科技交流平台，广泛开展双多边合作与交流，积极参与重大能源国际科技合作计划的组织和实施工作；提升话语权与影响力，积极参与国际科技公约和标准的制定，支持中国能源科技工作者融入国际能源科技组织体系；依托重大国际能源合作项目，推动国外先进能源技术和装备的引进、消化、再创新和国产化工作，以及中国先进能源技术和装备"走出去"。

（四）相关技术配套化战略

如果要实现新能源战略，新技术革命是必要的，因为新能源体系的形成不仅取决于具有潜力的新能源自身能否及何时出现革命性变革，形成较大的对现在主导能源的综合竞争优势，而且取决于需求端特别是能源利用设备方面的重大突破。只看新能源技术的发展是不明智的，只部分发展而忽视整体的做法，必将使整体受到更大的影响。

由于新能源在供应方式上不同于传统能源，需要对原有能源配套设施进行技术创新。新能源配套设施和技术最典型的就是电网。并网一直以来限制了新能源电力的消费渠道，成了限制新能源领域的主要障碍。其结果并不难分析，初期没有预计到新能源的飞速发展，对其发展没有整体考虑，缺乏宏观认识。智能电网是电网技术发展的新趋势。目前，世界各国都在加快建设智能电网，以满足新能源接入互联网的要求。通过智能控制方法，实现了输用电的交互运作。因此，相关配套技术的改进和研发在未来的新能源技术创新领域中也要占有一定比例。

我国智能电网技术落后于新能源技术的发展速度，只是配套化缺失的典型案例。这种情况在新能源配套化环境上缺失的情况并不是个别的，只是方向和领域不同，随着新能源技术的发展，会变得更加复杂。相关技术的配套化扩展了新能源技术创新发展的外延，使创新主体的层面必须上升高度，以宏观的眼光去整体安排。

第四节　中国新能源技术创新存在的问题

从以上新能源产业的技术现状可以看出，我国新能源技术水平显著提高，开发和利用技术已具备一定基础，部分已经初步形成了产业。但是，考虑到发达国家在新能源发展各方面的成功经验，中国的新能源技术还远远没有达到国际先进水平，而造成这些差距的因素是多方面的。

一、新能源政策和法律法规不完善

自从 2005 年《可再生能源法》通过以来，中国出台了一系列与新能源和可再生能源有关的政策和法律措施，在促进中国新能源发展方面取得了一定的进展。但是，客观地说，我国新能源发展相对缓慢，以国家投资为主的局面没有得到根本扭转，民间资本投资有限。新能源领域企业尤其中小型企业，作为技术创新的主体，因原材料供应、设备购买和维护、成本和盈利以及核心技术等原因普遍出现亏损或面临亏损。法律法规的不完善仍然是我国新能源技术发展缓慢的重要原因。现有的新能源相关政策和法律法规不能完全满足新能源技术创新的需要。

第一，从纵向上看，从中央到地方的政策自上而下的理解、施行和力度所有不同。一方面，中央和地方政府在新能源发展战略上协调还不够一致，立法前还做不到扎实地开展资源调查，实现中央与地方规划的衔接；另一方面，各地对全国性立法及部门规章和政策制定的参与不够，也很少在充分调研的基础上制定适合本地区的新能源发展的地方性法规，因地制宜地弥补全国性配套政策的不足。此外，公众、企业及其他利益相关者没有获得充分发表意见的机会。缺乏立法研究论证，没有充分吸收公众意见，制定出来的法律在执行中也更难得到各方面的支持。

第二，从横向上看，很多同级的部门都涉及新能源领域，各自有分管的领域，其政策性也有差异，最终导致相关政策的实际执行不统一的结果。长期以来，中国能源领域主要依赖行政手段来进行管理。中国涉及新能源法规政策制定的行政部门很多，目前国家发改委、国家能源局、财政部、住建部、农业部、科技部、国家海洋局等都分别出台与新能源有关的规章和政策，呈现多头并行的局面。各部门制定的规章和政策文件政策取向、制度安排、程序规范、奖惩措施等方面不协调，交叉重复，甚至互相冲突的情况时有出现。例如，中国的可再生能源立法规划缺乏足够的资源评价基础，规划目标缺乏科学预见性，国家和地方规划间缺乏相互衔接，使可再生能源的发电规划同电网规划不同步、不协调的问题日益突出。这样必然影响法规、政策的质量，也难以形成清晰的法规政策框架。虽然2010年成立了国家能源委员会，但是到现在为止还未能形成能源委统一牵头，通过部门协作制定法规政策的新局面。

二、新能源技术创新制度体系不完整

第一，新能源技术创新R&D资金投入无法保证。新能源技术投资巨大，开发周期长，这需要循序渐进、持续的大规模发展，工业示范主要靠企业投入和承担风险，单一凭借技术创新的主体企业自身完成是十分困难的。再加上缺乏商业化技术和投资、融资政策和信贷渠道，在相当程度上影响了新能源产业技术创新的商业化应用。与美国企业初期可以寻求SBA（Small Business Administration，小企业管理局）帮助不同，中国对新能源新技术和关键技术的开发投资力度太小，中国能源R&D费用占GDP的比例很低，占国家R&D总费用的比例也很低。一些发达国家在新能源技术领域一直处于主导地位，这与其巨大的人力、财力投入是分不开的。在R&D投入少的同时，中国不得不投入巨资引进国外的新能源技术和设备。新能源产业高端核心技术和设备严重依赖进口，进而影响新能源领域的技术发展，这就进入了有投入无发展的恶性循环。

第二，中国能源领域政府主导作用不够。高效统一协调的决策与管理机制和代表国家利益的责任主体作用均不到位。科技资源与研究成果同样较分散，产学研缺乏有效的组织合作。重大项目建设过度依赖引进技术和装备。能源技术的相对落后和能源创新体系的不健全使得新能源利用比例低，难以完成环保目标，也很难满足未来能源消费总量需求和能源结构调整的要求。由于缺乏明晰的产权保护制度，在现实中产学研大学科技园企业有着校办企业改制等模糊的产权隐患，所以新能源技术创新处于低动力低保障的状态。当前，世界能源结构开始进入新的更迭期，发达国家通过能源技术方向的引导，纷纷制定能源发展战略，大力扶持新能源产业技术创新。一些发达国家已经形成了较为完整的新能源创新体系，领导着能源技术的前沿，在技术的R&D能力、知识产权等多个关键环节处于领先地位。

第三，新能源技术国际合作体系也不畅通。中国一直以来采用"以市场换技术"的技术发展战略，其主要目标是开放国内市场，引进外商的直接投资，引导外资企业进行技术转移，把获得的国外先进技术通过消化吸收，形成中国独立自主的研发能力，最终实现提高我国新能源技术水平的目标。然而，多年的经验表明，这一战略并不适合我国新能源的发展。造成这一结果的原因是多方面的：并非所有的技术都可以通过市场来换取的，掌握先进技术的发达国家通常采取高度垄断的方式来保护自己的利益，他们对新能源关键技术、核心技术是严密控制的，中国所能引进的能源技术与世界上最先进的技术还有一定的差距；中国自身的技术吸收能力较弱，一些投巨资购买的技术未能有效地消化吸收以及在其基础上再创新；作为技术引进方，应该创造良好的技术发展环境，而中国在这些方面做得明显不足。

三、新能源技术 R&D 能力较弱

R&D 队伍"规模大"，整体水平低，创新能力不足，使得成果零碎，系统化、工程化、产业化水平低，是我国能源科技的基本特点。虽然我国已经在基础（基金委支持）、重点支持（"973"支持）、高技术研发（"863"支持）、攻关计划等不同层次对能源科技研究与发展进行了部署，但是由于能源科研基础设施薄弱，对能源技术创新价值链的艰巨性认识不足，加之针对性措施缺乏，重大新能源技术的研发难以形成创新价值链和产业链，无法对技术需求实现有效供给。

我国能源科技自主创新的概念少、独立见解少，试验设备和测试手段落后，新实验方法少，缺乏实验大平台，新能源技术后继人才不足是影响 R&D 队伍创新水平低的重要原因。我国拥有一支绝对人数可观的科技队伍，但是比例却远无法与发达国家相比。由于绝大多数有经验的年长者已经退出，而年轻一代进入新能源领域的愿望很小，更难说有热情，因此新能源科技队伍的问题将越来越严峻。

对于新能源领域来说，充足的、持续的人力与财力的投入是支持新能源技术创新、促进产业化发展的有力支撑。虽然中国逐步加大了对企业自主创新和技术改造的财政投入，但是这些资金只占中国公共投资的一小部分，导致新能源领域所占的份额直至真正作用于新能源技术的 R&D 资金仍然很少。但由于制度原因，无法大量有效地吸纳更多其他资本。具有高水平的新能源技术人才供不应求，作为技术创新主体的企业，拥有自主创新实力的大企业也十分有限，势必影响我国的自主创新能力。由于缺乏自主创新能力，新能源的许多重要组成部分仍无法在中国实现完全国产化。虽然国内一些已经实现国产化新能源装备产量很大，但是存在诸多问题。中国新能源产业的核心技术仍然落后于世界先进水平，R&D 能力和制造能力严重落后于需求，仍然难以改变受技术发达国家限制的局面。

四、新能源电力并网困难

新能源技术创新的良性发展不仅限于新能源本身，而且涉及并依赖于与其相关的领域。风能、太阳能、核能等都是以二次能源电能形式进行消费的重点新能源领域，因此

电网环境就成为新能源发展的关键之一。

从现状来看，首先，我国整体火力发电装机容量不断增大，火电项目建机组的容量大幅度增长，出现了传统火电与新能源发电争抢并网的局面。如果想确保新能源发电并网，便一定会抢占火电份额，这种状况对新能源产业发展和市场扩展非常不利。此外，电网本身技术也未跟上。目前，我国仍处于电网大规模建设阶段，开展智能电网的系统性研究起步较迟。在参数量测技术、集成通信技术、分布式能源接入技术和信息管理系统、智能调度系统上有不同程度的挑战。虽然在电网智能化技术的应用方面有后发优势，已经研究和实践了大量的智能化技术，但是在配用电领域智能化应用研究还处在探索阶段。造成无论从实际情况还是技术支持上，新能源电力都存在并网困难的情况。配套基础设施不能同时跟进，破坏了创新环境，导致技术创新受阻。

修改后的《可再生能源法》对配套电网建设、服务体系、保障措施等方面做了具体规定，强化了电网企业建设电网配套设施的义务，但是在实践中却很难付诸实施，并网问题成为导致风电机组等可再生能源设备大量闲置的主要原因。

五、新能源发电成本较高

新能源要实际应用，利用廉价是一个重要标准，在中国利用较少的海洋能、地热能等新能源由于资源相对不丰富和没有转化成二次能源电能的形式较难估算。然而，如风电、太阳能发电和生物质能发电资源量相对大又分布广，而且将其大多都转化为了电能，就可以做一比较。

根据中国风能资源、建设条件和风电场运行管理等技术水平，目前中国陆上风电度电成本范围为 0.4 ~ 0.6 元 / 千瓦时（含税）。风电成本中有 25% 左右是经营成本，约为 0.1元 / 千瓦时。分地区来看，东部沿海地区度电成本明显高于内地风电场度电成本，且各省度电成本价格趋势也基本符合全国四类风能资源区风电标杆电价水平。

从新能源的整体度电成本可以看出，新能源度电成本整体偏高。这是无法回避的事实。必须承认新能源度电的成本过高是初期阶段性的特征，但初期阶段并没有明确的时间点，长此以往，无限延长必定成为各地区的财政负担，降低甚至失去了技术创新的有效价值性。

第五节　中国新能源技术创新建议

推动新能源发展，未来仍将是我国的政策取向。为了新能源发展战略顺利实施，理应对现有的能源政策继续适时地调整。

一、强化政府的责任并提高新能源比重

加强政府的责任并不意味着简单地加大力度。各级政府建立和完善新能源相关制度时重要的是要做到适度，既不能"缺位"也不能"越位"，不做守夜者更不做独裁者。

第一，政府需要加强社会主体对加快新能源技术创新的重要认识，并利用各种方式提供 R&D 资金支持。要保持新能源技术创新的可持续发展，能源政策需要保持长期稳定。由于我国经济发展的实际需要，未来一段时间内我国常规化石能源高比例的结构难以从根本改变。政府以出台政策的方式去引导就显得尤为重要。要统筹协调新能源与传统能源之间的补充、替代速度。调高新能源 R&D 投入是最便捷明晰的能源结构调整方式。由于中国是一个庞大的能源经济体，能源消费的固有习惯由来已久，能源消费结构不易改变。想实现新能源比重的增加，从而改变能源结构现状的确不是一蹴而就的事情。政策调整过大，失去了实际能执行的限度，就会造成政策失效。政策调整的力度不够，技术创新过程激励因素较弱，新能源技术会发展缓慢，又会造成整个产业的发展迟缓，错失历史机遇。因此，还需要长期研究不断调整政策力度，使我国新能源平稳快速发展，为中国由能源大国向能源强国转变提供基础保证。在国家对新能源 R&D 资金投入有限的情况下，适度打开其他资本介入，为新能源提供融资、贷款等便利。

第二，需要完善中央和地方政府对中国新能源技术创新的财政体制，积极推行有利于新能源技术创新税收立法与政策。在引导的同时，我们还必须下决心进行整合。美国由于其决策机制和利益集团阻挠等因素影响，新能源技术的应用一直推广缓慢。与其他国家相比，中国的能源体系效率更高，在新能源领域有望赶超。但中国在能源变革的道路上一样有利益集团的阻挠。中国的能源改革需要建立一个全新的执行机构。因此，建议在合适的契机下将"能源局"升级为"能源部"，以"能源法"的制定代替"能源管理办法""能源规划"，以此来实现更高的权力机构来执行"能源变革"的战略使命以增加执行力，防止多个部门多个政策，有政策而无法执行的情况。这样才能达到国家预期的更合理的能源结构比例。

当前中国正面临着一次伟大复兴的历史性机遇，但制约中国复兴的一个重要因素就是能源供应。在这个关键时期，能源问题关系到中国在 21 世纪世界体系中的大国地位。大国兴衰的历史告诉我们，新能源不仅仅是一种能源替代品；事实上，它会对经济与政治都产生革命性的影响。既然要变革，就要坚决地打破现存的不合理的利益结构，让新能源有序健康发展。

二、完善能源立法及建立相关标准体系

新能源法律政策的制定既要考虑到我国新能源的发展激励因素、促进国外新能源技术的投资激励因素，又要注意我国自身新能源发展的特点。因此，新能源立法和政策制定必须以国家新能源技术为基础。

第一，要不断完善支持能源科技事业发展的法律政策环境。从中国能源法律体系的构成可以看出，中国能源法是以宪法为基础，由一系列单行法、行政法规、规章和地方性立法所构成，呈金字塔结构。就立法内容而言，能源立法重点一直偏重传统化石能源资源的开发利用，对新能源产业以激励投资和运营为主。这是由中国能源结构现状造成的，但是如果不能逐步转变重点，新能源比例将难以提高。这样就会进入新能源产业无法大力发展的怪圈。

第二，中国现有的新能源法总体上偏重原则化，可操作性方面存在一些不足，相衔接的配套法规颁布不是很及时，也不完备。这一点在涉及中国主要的新能源立法《可再生能源法》里表现较为明显。首先是缺乏伴随实现而来的具体规则。随着 2006 年《可再生能源法》的生效，本应与该部法律同时配套的多部实施细则尚未及时出台。《可再生能源资源调查和技术规范》《可再生能源发展的总体目标》等 12 个可再生能源配套法规，直到目前尚未全部完成，致使其可操作性大受影响。其次，有些法律条款表述不够严谨。以《可再生能源法》第 17 条为例，明确规定国家鼓励单位和个人在不影响建筑物安全的条件下，安装和使用太阳能利用系统，可是怎样才算不影响建筑物安全很难界定。还有，有些法律条款以口号性为主，过于原则和抽象。因此，在我国新能源立法前，必须有各级别的征求意见稿，从实际出发注重可操作性和适应性。

第三，从现实来看新能源产业仍处于商业化的初期，对其技术创新开发利用存在成本高、风险大、回报率低等问题。创新主体企业往往缺乏投资的经济动因，因而新能源技术创新依靠市场自发形成的可能性不大，必须依靠政府政策的支持。加快现有国家标准和行业标准的制定和修订工作，形成统一完整的能源技术与装备标准体系是当务之急。进一步加强能源装备质量控制和监督管理，组织建立和完善标准、检测、认证和质量监督组织体系。建立能源科技评价体系，推动政府相关部门和企业、科研机构、高等院校以及社会团体积极参与能源科技创新和标准化工作。这些也都是亟待完成的现实任务。

总的来说，完善新能源法律法规和相关政策是发展新能源的基本保障。法律是规范人们行为之间关系的基本行为准则，国家政策可以积极引导技术创新者的行为选择。完善新能源领域的法律法规和相关政策，不仅可以协调新能源开发领域的行为关系，更重要的是新能源法律法规的完善可以向社会"做出可以信赖的承诺，借以保护并培育人力与资产"。新能源的技术创新需要长期的人力资本的投资才能得到回报，而新能源法律

法规与国家政策的完善可以帮助创造一个稳定的新能源技术创新投资环境。

三、依托工程推动企业发挥创新主体作用

从目前来看，我国新能源技术创新大多集中在宏观层面。这样的技术创新整体观强，但施行起来较为空泛，也就是由国家引导，而微观主体企业的创新能力和积极性都不够。无论国家、区域还是产业，虽然是不同层次也同样是技术创新的主体，但是归结到根本的基础，还是微观层面的新能源企业。没有微观部分的积累，就不可能完成向更高层次的进化。依托工程恰好是衔接宏观主体与微观主体的关键部分，使系统有效地联系在一起。在新能源建设工程和使用过程中，建立行业产业创新或区域创新的雏形并逐步完善，使微观实践成果逐步实现价值，逐步构建中观层次技术创新的架构体系，是最后达到宏观国家层面的技术创新战略。

企业通过工程发展自我，提高与技术创新有关的建设。从促进企业技术创新主体的角度来看，有必要大力加强企业的技术开发工作，尤其是在我国目前的科技管理体制和人才分布格局下，企业科技人才比例偏少，创新资源不够，更需要鼓励有条件的企业建立研发中心或技术中心等研发平台。国家创新体系是一个庞大的体系，依靠产学研的模式固然有优势。然而，其整体创新系统体系的扩大化势必也会造成整体效率的下降，相比较之下，企业主体自有的技术研发平台会是更加有效率的方式。

在此，需要我们发挥政府与相关部门的联合职能，提出新能源领域的大方向，明确重点技术和配套技术的攻关。由国家主导选择具有代表性的项目作为示范工程，选择标准应优先考虑具有自主知识产权、自主创新空间的新能源项目，并给予这些项目优惠的政策支持，树立项目工程对企业积极性的激发影响。

对于计划要进行专项研究，发挥企业在技术创新中的主体作用，在强调政府引导的同时，还要充分调动和鼓励企业、社会加大对能源科技的投入，这样可以建立多渠道的资金支持，推动技术成果产业化。示范工程的一大目的就是帮助中国企业最大限度提升国产化。知识产权自主化和市场竞争力，使能源技术与装备具有更强的后发优势和可持续发展能力。

加强企业的技术创新能力是整个新能源产业技术创新的基础。通过示范工程，使企业更加熟悉新能源创新的模式。企业沿着创新模式发展，将会在工程的依托下逐渐形成创新的主体地位。然而，最初的原则是要有高技术能力的企业，围绕关键核心技术的研发、系统集成和成果中试转化。同时，搭建相应的工程化平台，发展一批企业主导、产学研用紧密结合的产业技术创新联盟。在新能源技术创新的各个阶段，除了支持还应引入竞争机制，否则会造成企业争抢国家示范工程，而不注重自主创新能力，无法实现依托工程发挥企业主体技术创新的初衷。

四、借鉴新能源技术先进国家

在新能源技术领域，中国与发达国家的整体水平差距是现实。虽然各国有不同的国情，如资源、体制等，但是新能源技术先进国家的许多方面值得我国借鉴。目前，我国新能源技术开发没有稳定的资金支持，没有固定的新能源科技发展专项基金，技术水平和生产能力与发达国家相比还存在较大差距，新能源产品的市场竞争力也比较弱。在新能源技术方面，我国将受到基础工业和高精尖技术产业发展晚、技术相对薄弱的制约，但在政策体制的先进性上，中国可以先于技术，为新能源技术创新的实践过程提前打造优越的发展环境。

美国政府对新能源技术创新的支持主要以法律形式落实。在20世纪80年代就有《史蒂文森—怀德勒技术创新法》《贝赫—多尔法案》《技术创新法》《国家合作研究法》等法律法规为技术创新提供支持。现今，美国在超导电网、智能电网、太阳能等一系列能源新技术方面储备充足。《2009年美国清洁能源与安全法》又规定新清洁能源技术和能源效率技术的投资规模将达到1900亿美元，并设立技术风险基金。新能源与技术创新都要有法律保障，绝不能割裂开来。

欧盟作为国际能源制度最先进的实验室，也有不同的方式进行创新。例如，"创新驿站"的做法就比较独特。此外，欧盟的税务减免、投资补贴、固定电价等新能源政策工具也较为实用。从欧盟新能源立法的角度来看，加强立法前的研究论证工作可以从以下几个方面进行。一方面，可以成立专家组，吸收能源、法律、行政管理、经济学、公共政策等领域的专家，开展立法研究，对新能源法律的基本理论和实践问题进行研讨，形成对立法模式、制度结构的基本意见；另一方面，要深入了解各利益相关部门、机构、地方政府对当前新能源法律政策实施的具体意见，以及新的能源形式对立法的需求。此外，还要保障人民群众能够通过有效途径参与立法活动，广泛征求公众意见，并认真收集整理反馈信息，在新能源立法中集中人民智慧，表达公民意志。

日本除了法律形式，主要以设立产学研共同研究中心和产学研交流协会为主，如"富山大学地区共同研究中心""神户大学共同研究中心"，有效地形成了与中国大学科技园有所区别的产学研体系。

虽然在新能源产业发展实行的制度和方式不能生搬硬套，但是先进国家的不同做法仍对中国新能源产业发展的相关法律和制度有借鉴意义。

五、将稀土资源列为储备物资

稀土资源作为提取稀有元素的原料，对新能源的开发至关重要，但却容易被忽视。稀土在新能源电池、新材料、节能环保、新能源汽车、直驱风机等领域的应用日益广泛。

但中国稀土行业发展中存在非法开采屡禁不止、出口秩序较为混乱等问题，导致稀土资源作为战略资源大量流失，未来可能使制造新能源材料的稀有元素供应紧缺，需要早做提防。

第一，要建立国家层面的稀土储备机制，以政策形式进行规范，对稀土进行一定的战略储备。由于稀土矿的价格在国际上极不稳定，必须有储备作为缓冲。

第二，加大稀土行业的整合力度，在国际上形成有很强价格谈判能力的大型稀土企业。政府应该帮助整合行业协会，使稀土企业能够达到相互信任，最终与大型企业攻坚国际市场，维护话语权。

第三，加快稀土关键应用技术的研发和产业化，推动具有自主知识产权的科技成果产业化，掌握稀土核心技术专利，为发展新能源产业提供配套支持。

第四，中国要对稀土出口严格控制，不论是原矿还是加工后的成品。中国的地大物博优势也尤其体现在稀土资源上，这是许多国家不具备的，可以作为国际谈判的筹码，增强中国在处理国际事务中的话语权。

六、完善电网机制和系统

近年来，我国电网建设明显滞后于发电增长能力，风能、太阳能等新能源电力的上网难题也一直未能有效得到解决。面对不断变化的电力能源结构和大量新增的电网建设需求，我国应将建立智能电网作为未来电网的发展方向，对中国的智能电网建设要有明确的政策方向。

第一，积极推进形成统一的智能电网标准体系。智能电网标准体系的建立是一个庞大的工程，非一个组织之力所能完成。目前，中国推出的智能电网标准体系还只是国家电网公司层面的技术标准研究，只在公司内部被遵循。因此，应当推动智能电网利益相关各方积极参与国际标准的讨论，推动国际标准、国家标准的制定。

第二，充分调动信息技术等高科技产业的资源。智能电网产业链不同于传统电网，信息技术将在其中占据相当大的比重。发展智能电网不能只依赖现有电网产业链上的电力设备企业，还需要充分调动信息技术等其他高科技产业的积极参与。

第三，建立智能电网试验型城市。对于智能电网在输电层面涉及的自动调度等技术，思路已经比较明晰。然而，在配电侧需要和用户互动的环节还需要大量的经验积累。中国已在南京设立智能电网研究基地，但研究本身也是试验性的。为此，应选择电网条件和规模合适的几座城市进行试点，开展一些有规模的实验，为智能电网的全面建设积累经验。

第四章 中国新能源产业发展对策

第一节 新能源产业发展的启示

低碳经济下新能源产业的核心是调整产业结构，提高能源利用效率，转变经济发展方式，促进国民经济的可持续发展。

一、政府是新能源产业发展的主导力量

新能源产业作为一种新型产业发展模式，需要国家政策的支持，政府是其发展的坚强后盾。政府作为新能源产业的推动者和调节者，应该面向市场，以市场为导向，制定新能源产业集群发展的政策，为其提供强有力的政策支持。在新能源产业的推进过程中，除了需要政府政策的大力支持外，还需要增强政府工作者为人民服务的意识，全面推行亲商服务，提高工作效率，为新能源产业的投资者营造良好的服务氛围，为中国新能源发展创造良好的环境。

新能源产业的发展一方面需要自身的不断创新发展，另一方面需要政府给予的公共服务支持。政府作为新能源产业的推动者，一定要在合理的地理位置、便捷的交通、充足的电力等方面为新能源产业发展提供强有力的支撑，加大对新能源产业的投入，培养新能源方面的专家顾问，为新能源产业的发展提供技术上的保证和指导。同时，政府的政策一定要结合市场发展的实际情况，形成与市场的互补发展，弥补市场引导的不足之处，为新能源产业的发展创造健康的发展环境。政府对于新能源产业的发展起到了一个基础性的保障作用，清除了新能源产业发展道路上的不必要障碍，为新能源产业的发展创造了一个健康、有序的发展空间，保证新能源产业的发展方向，促进新能源产业的全面发展。

二、自主创新是新能源产业发展的技术基础

（一）以科学的态度对待自主创新

创新是企业发展的关键。新能源产业的发展不仅依赖于政府所处的环境，更依赖于企业自身的自主创新。只有创新才能不断推动新能源产业稳步发展。创新虽然有利于企业的发展，但是企业必须结合自身的发展条件，不要浮夸于表面，一味地追求不切实际的创新。盲目创新不但对于企业的发展没有帮助，反而会阻碍企业自身的良性运转。因此，企业必须以科学的态度对待创新，尤其是一些中小企业，自主创新的能力有限，一定要结合自身的实力正确对待创新。自主创新固然重要，科学的态度才是把握方向的关键，一定要以科学的方式对待自主创新，只有这样才能发挥创新对企业发展的促进作用，才能达到创新的真正目的。

自主创新是企业发展的基础。它应该包括以下两个方面的内容。

一是，企业管理模式的创新。每个企业都根据自身的发展现状，研发出适合于自身的发展模式，不能照抄照搬成功的例子，应该是在借鉴的基础之上去创新发展适合于自己企业发展的模式。

二是，企业技术方面的创新。新能源产业的发展必须依靠技术的不断创新。技术创新是不断提高能源利用率的关键。新能源产业的发展也离不开技术创新。因此，企业不断地自主创新是新能源产业发展的基础。

（二）以战略的眼光培育新能源产业项目

对于区域面积、经济实力较小的地区，应该把有限的资源投入最有潜质的新能源产业化项目上。在发展过程中，必须把握新能源产业的发展方向，结合该地区的实际情况，坚持"不谋全局者，不足以谋一域"的全局观，抓好新能源产业化工作。

作为新能源产业基地，它不仅发挥了电力企业集中、制造业发达的优势，也符合了国家能源结构调整的必然趋势。这不仅带动了新能源产业的发展，又符合了国家所倡导的建立节约型社会、鼓励自主创新的政策。在新能源产业发展方面一定要全局统率，以战略的眼光引进项目，既要符合当地的发展，又符合社会发展的大趋势，这是发展新能源产业的关键问题。

三、创建龙头企业带动新能源产业发展的格局

在全国范围内推广新能源产业，创建龙头企业带动新能源产业发展的格局是一个比较正确的策略。企业可以通过交流沟通、互相学习管理经验、普遍推广自主创新技术，为新能源产业的发展开辟捷径。从国家角度出发，促进新能源产业的快速发展，具体可

以从以下几个方面入手。

（一）创新企业管理模式

企业的发展离不开科学的管理模式。形成科学的管理模式是一个企业优于其他企业的关键因素之一。新能源产业的龙头企业，可以起到模范带头作用，能够为其他企业提供借鉴和参考。在管理企业中，一方面，要不断改革企业的制度，形成完善的公司法人管理制度；另一方面，要不断更新管理理念，转变经营管理方式，推进企业的信息化建设，有机的统一信息技术、管理技术、产业技术，促进三者的结合，科学地管理企业的资源配置、科研、生产、销售，形成统一链条，提升企业的市场应变能力。

（二）强化企业技术中心建设

提升新能源产业的关键是加强对企业技术中心的建设。企业是技术创新的受益者，也是技术创新的核心。新能源产业的发展必须依靠企业技术的不断创新，企业必须要在企业内部形成有利于企业自主创新的体系和运行机制，鼓励企业内部的自主创新，研发企业自己的主导产品和核心技术，增强企业的核心竞争能力。同时，企业的发展也需要合作伙伴和竞争。没有竞争，企业很容易失去生存的动力。因此，企业的技术创新要面向市场，服务扶持中小企业的发展，在市场的引导下，形成技术研发创新的统一链条，加大对科研开发的资金注入，促进科研项目的发展。

（三）完善企业产学研合作机制

先进技术的创新发展与企业的生产脱节，严重制约了企业的发展。这是我国建立龙头企业需要克服的问题。国家在以市场为主导的同时，必须弥补市场监管的不足，在关键技术领域给予企业最大的帮助，包括研发资金的支持和一定的优惠政策。推动技术研发部门与企业生产的直接联系，形成企业主体、技术合作为载体，鼓励高等院校、科研机构与企业相结合，推动技术方面的不断创新，为企业的可持续发展提供充足的人力资源，提升企业的科技创新能力。

四、全力打造新能源产业示范园区

建立新能源产业示范园区，为新能源产业发展树立模板，促进新能源产业全面、健康、有序发展，也是发展新能源产业的有效途径之一。

（一）构建高效的园区管理体制

新能源产业是政府主导的产业。在其发展的初期，必然会过多渗入政府的影响。为了确保新能源产业园的健康发展，应该转变政府在新能源产业园区中的职能，以市场为主导，逐步完成由直接管理、行政手段过多到间接管理的过渡。对产业园区主要采取经济法律手段的支持，而不完全是行政手段。政府在新能源产业园区的角色应该是把握全局、统率整个园区发展，主要是在宏观方面，例如产业园区发展的方针政策、制定法规性的文件，在环境保护、调控区域规划等方面发挥政府的职能，而产业园区发展的微观方面应该主要是依靠市场的调节，保证新能源产业园区的有序、健康发展。

（二）建立园区创业服务中心

建立新能源产业园区的服务中心可以促进产业园区的发展，协调产业园区各个企业之间的发展，组织企业之间的技术交流，帮助中小企业的科研发展，为中小企业的生产提供必要的孵化基金等，在产业园区建立服务中心是十分必要的，是保证产业园区发展的一个重要条件，同时方便国家政府对产业园区的管理，是打造示范性产业园区的一个重要条件。

五、建立产学研合作的人才资源平台

人才是高新技术产业发展的核心要素。在新能源产业发展过程中，企业应充分认识技术人才在企业发展中的重要作用，鼓励企业内部员工不断提升自身能力，为企业员工提供提升自身能力的平台；同时重视对人才的引进，完善用人机制，尤其重用高新技术方面的人才，保证企业可持续发展的不竭动力。

（一）加强校企联合，完善企业人才培养机制

为适应社会需求，开辟高校新能源专业人才培养渠道，开设相关紧缺专业，为社会和企业输送人才。当前，我国高校面临着巨大的就业压力，毕业生就业是一个非常重要的问题。如果高校能根据社会的需要，增设新能源方面的相关专业，不仅能增强高校的活力，还能在一定程度上拓宽就业渠道，缓解就业压力。

（二）吸引人才加盟，完善人才引进机制

企业引进高新技术人才需要国家给予一定的支持和扶持。在政策上，鼓励企业引进国内外高级技术人才，简化引进人才的程序。在经济领域，对高级人才给予优惠政策和经费扶持，保障高级人才的生活水平，防止人才的再次流失。在上述条件成熟的情况下，企业应改革培养和引进人才的用人机制，通过帮、扶、带的方式，快速提高我国新能源产业人才的素质，尽快掌握国际的先进技术和经验。通过这一系列的举措，促进新能源领域紧缺人才的培养，为新能源产业的发展奠定人才基础。

第二节 几个主要经济体新能源产业发展的经验

新能源产业是新事物,国内鲜有先例可循。

首先,一个共同的前提是,石油、煤炭等化石能源虽然高效、经济,用途广泛,创造了所谓的现代工业文明,但随着全球能源消费的大幅度增加,以及油价攀升、气候变化等因素的影响,世界各国普遍担忧人类社会可持续发展的前景,不约而同地选择大力开发替代能源,推动能源转型,掀起了一轮新能源开发的高潮。据不完全统计,已有60多个国家制定了法律法规或发展规划,通过强制性手段保护新能源和可再生能源战略。世界上几个主要经济体都将可再生能源作为主要战略措施,制定了发展目标。

其次,虽然发展替代能源的目标一致,由于立场和视角的不同,各方对能源转型的路径选择还存在诸多差异。一些国家自身资源禀赋不足,就注重能源安全;有的国家更关注环境问题,想要摆脱对化石能源的依赖。

能源结构转型并不存在普遍适用的模式,每个国家都必须制定和实施符合自身独特情况的政策。然而,其他国家的成功和失败也给我们提供了许多值得借鉴的经验教训,避免陷入盲目尝试的困境。这里选取了德国、美国等几个全球最大的经济体作为案例,分析各国不同的能源转型策略和得失,总结值得借鉴的经验。

一、德国的新能源产业发展

2016年,德国人口8190万,GDP总量3.36万亿美元,是中国的1/3,人均GDP为40 996美元,是中国的3倍多。

德国是世界第七大能源消费国,也是欧洲能源进口大国。2015年,德国可再生能源发电量达到1940亿千瓦时,占全国总发电量的31%,煤电仍然是主角,占比44%,核电占比减少到15%。2016年,德国可再生能源电力占电力消费比重已经超过32%。德国已经成为欧洲,乃至全球可再生能源发展的领头羊。

德国EAPI(政策研究所)指数三大主要指标表现如图4.1所示。

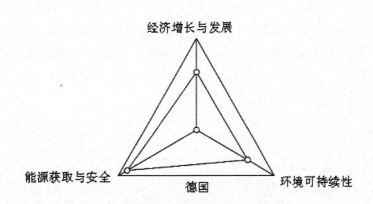

图 4.1　德国 EAPI 指数主要指标表现

（一）德国能源结构转型的历程

德国的能源结构转型经历了三个阶段。

第一阶段：从以煤为主到以油为主，由于煤炭储量丰富，德国早期大力开发煤炭资源，迅速成为世界工业强国。1965 年煤炭消费占比达到 63.8%（与中国目前占比接近）。之后石油占比大幅度提升（由 1965 年的 34% 上升至 1975 年的 45%），煤炭消费占比大幅度下降（由 1965 年的 64% 下降至 1975 年的 40%）。

第二阶段：实行能源结构多元化，1973 年石油危机导致的石油价格飙涨，联邦德国为减少对进口石油的依赖，鼓励开发可再生能源，同时扩大进口渠道，实行多来源进口。1975 年以后，石油占比大幅度下降（从 1975 年的 45% 下降至 1989 年的 34%），天然气消费小幅提升（从 1975 年的 12.3% 提升到 1989 年的 15.1%），同期核能占比大幅度提升（从 1975 年的 1.7% 提升到 1989 年的 10.3%）。煤炭消费止住前期下滑趋势，基本稳定在 40% 左右。2012 年，德国一次能源消费总量为 4.39 亿吨标准煤，其中化石能源占比 77.3%。其中，98% 的原油和 86% 的天然气都需要进口。

第三个阶段：能源转型计划。能源转型计划是在 2010 年 9 月由德国联邦经济和技术部正式提出，该计划制订了德国中长期能源发展思路，明确了到 2050 年实现能源转型的发展目标。德国能源转型首先是限制核电，2000 年之后，德国政府不再批准建立新的核电站，2011 年又决定到 2022 年之前永久性废除核电。德国开始关停核电站，截至 2016 年 11 月，运行中的核电站只有 8 座。核电占比已经明显下降。

与此同时，发展可再生能源一直是德国能源政策的中心目标。1991 年，德国制定了《电力入网法》，从法律层面启动了可再生能源发电市场。2000 年，颁布《可再生能源法》，奠定了发展可再生能源的法律基础。在 2010 年德国联邦政府提出的《能源方案》中，计划用 50 年时间将其终端能源消费结构中，可再生能源占比达到 60%，电力消费中的可再生能源比重达到 80% 以上，温室气体减排量与 1990 年相比减少 80% 以上，从而实现主导能源从化石能源向可再生能源转变。此外，德国为能源转型制定了具体的能源效率目标，重要的包括：与 2008 年相比，一次能源消费量减少 50%，电力需求量减少 25%，交通能源消费与 2005 年减少 40%。近几年，德国的可再生能源消费占比近期大幅度提升，2015 年德国可再生能源电力占电力消费比重已经达到 31%，可再生能源发电以风电和光伏发电为主。

（二）德国能源结构转型的举措

德国从政策、标准、管理、技术和投资等各个方面构建了促进可再生能源发展的行业环境。多管齐下，在鼓励可再生能源发展的同时，加强传统能源的节能降耗。具体措施如下：

第一，建立了以电网全额收购和固定上网电价为核心，辅以补贴的可再生能源政策框架。

第二，加强智能电网的研究。2008 年，德国启动"E-Energy"计划，研究智能化电力系统，能根据用电需求自我调控，实现能源最大化利用。该计划有 6 个试点项目，分别开发和测试智能电网不同的核心要素。其中哈茨地区 RegMod 项目，以"虚拟电厂"模型实现新能源最大化利用，其核心不在于发电而是在于节电，是将成千上万的分散小型可再生能源整合为一个巨大的类似传统电厂的可靠能源网络，节约下来的电能相当于建造了一座发电厂。

第三，为应对风电和光伏发电对电网的波动冲击，研究综合运用蓄能、蓄热等技术手段提升电力供应系统运行的整体灵活性。位于德国库克斯港的 eTelligence 项目，通过互联网平台实时发布电力供应与需求情况，工业用户在电价低时大规模买入，低成本电解水制氢储能，在用电高峰、电价高昂时利用氢气发电，实现对电力资源的充分利用及电网的持续稳定，能够解决由太阳能或风能发电带来的供电波动问题。

第四，充分利用价格、标准、能源基金和完善能源管理体系等方式大力推动居民用能、工业等各领域的节能降耗。发展效率更高的煤电，以环境法规来保障发展 CCS（碳捕获与封存）技术，制定法规对热电联产技术提供电能补贴。

第五，大力发展各类新能源汽车。宝马已在 2015 年发布氢燃料电动汽车，计划在 2020 年量产。奔驰计划在 2017 年推出首款氢燃料电动车。大众在 2016 年收购了燃料电池专利，大刀阔斧研发氢能电动车。

（三）德国能源结构转型经验

德国的能源转型在世界上处于领先地位。可再生能源发展政策体系和产业链比较完善。以风电和光伏发电为代表的可再生能源快速增长，但同时也暴露出以下一些问题。

第一，碳排放不减反升，煤炭进口增加。主要是德国政府关闭部分核电站之后，短期内通过煤电填补供给缺口的结果。据德国智库 Agora Energiewende（能源转型集会）网站发布的数据，2016 年，德国天然气发电比前一年增加 25%，煤电占比开始下降，电力行业的二氧化碳排放量下降了 1.6%。所以说，碳排放升高是一个短期偶发后果。

第二，能源转型导致消费者电费负担日益沉重。据德国联邦能源和水资源协会的统计数据，2000—2013 年，德国居民电价翻了一倍，上涨幅度高达 106.9%，比欧盟平均水平高出近一半，同期企业用电价格涨幅为 145.79%。2016 年，德国居民电价超过 31 欧分。德国电价的持续上涨主要是由于推行可再生能源补贴和附加费的增长。德国电价中，各种税费占比高达 49%。2013 年，德国为可再生能源支出补贴约 240 亿欧元。如果不改革，预计到 2050 年可能要达到 1 万亿欧元。高昂成本使补贴政策难以为继，而且对居民的生活和制造业竞争力造成不利影响，德国政府修订了相关政策。2014 年，德国修订了《可再生能源法》，2016 年再次对可再生能源补贴政策予以改革，自 2017 年起将不再以政府指定价格收购绿色电力，而是通过市场竞价发放补贴。谁出价最低，谁就可以按此价格获得新建可再生能源发电设施入网补贴。

二、英国的新能源产业发展

英国人口 6610 万，GDP 总量 8.85 万亿美元，不到中国的 1/3，人均 GDP 为 43 770 美元，接近中国的 3 倍。如图 4.2 所示为英国 EAPI 指数主要指标表现。

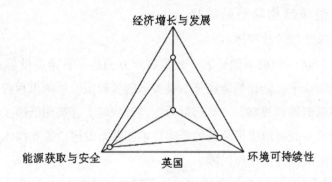

图 4.2　英国 EAPI 指数主要指标表现

英国目前的能源消费结构，基本上是天然气、石油和其他能源（煤炭、核能和可再生能源）三分天下的局面，2014 年，天然气和石油消费占比均为 34.4%，煤炭消费占比 16%，消费占比 7.8%。可再生能源占比较小，但提升较快，从 2005 年的 1.2% 提升到 2012 年的 4.1%。2014 年可再生能源超过核能成为第三大电力来源。

（一）英国能源结构转型的历程

英国的能源结构转型是石油、天然气、核电代替煤炭的过程。几个过程是相互重叠交叉的，主要经历了以下四个阶段。

第一个阶段，20世纪60年代之前。英国作为工业革命的发源地，煤炭在能源结构中占据主导地位，占比最高达到84%。第二次世界大战后经济复苏时期，能源需求旺盛，煤炭消费达到每年2.18亿吨，造成严重的空气污染。1952年伦敦烟雾事件直接导致4000人死亡，迫使英国政府开启了煤炭能源转型。

第二个阶段，20世纪60—80年代，是减煤减排的阶段。英国借助北海油田的开发，石油和天然气产量逐年增长，煤炭消费占比从59.6%下降为33.1%，英国的能源对外依存度也急剧变化，从1975年的对外依存度50%左右，到1982年转变为净出口国，能源自给自足22年。直到2004年，英国才再次成为净进口国。2015年，英国最后一个煤矿关闭，煤炭采掘业彻底消失。当然，煤电依然存在，全部依靠进口煤炭。

第三个阶段，从20世纪80年代开始，是核能发展的阶段。20世纪80年代末期，两座大型核电站投入使用，核电发电量逐年上升，1998年核电占电力供应的27.6%。后来由于廉价天然气的冲击，核电发展陷入停滞。核电占总电力的比重经历下降后，2014年占比仅19%。

第四个阶段，可再生能源从2010年之后发力。在石油、天然气和核能逐步面临产能枯竭的背景下，英国大力发展可再生能源。可再生发电量以平均每年26%的增速发展，到2014年占比19.2%，超过了核能。按照计划，到2020年，英国的天然气进口量将减少一半，40%的电力将由可再生能源提供。

（二）英国能源结构转型的举措

1. 确立发展低碳能源的政策体系

英国是"低碳经济"的最早倡导者，政策制定方面也一直走在世界前列。2003年发布的《我们能源的未来：创建低碳经济》是英国能源政策改革的里程碑，之后英国政府又发布了《英国低碳转型战略》《英国可再生能源战略》《英国低碳工业战略》等战略规划，这一系列政策战略形成了完善的低碳技术创新与发展政策支撑体系。

2. 为低碳国策的实施提供法律保障

英国是世界上第一个为减少温室气体排放而建立法律强制约束的国家，2008年颁布《气候变化法案》，为减少温室气体排放而建立法律强制约束，明确了英国低碳发展的方向。这部纲领性立法，与《能源法案》等一系列配套法规构成了英国低碳发展的较为完善的法律体系。

3. 保持技术领先优势

英国对低碳技术的理解不局限于能源生产范畴，而是作为一种商业机会而发展起来的。2009年，英国时任首相布朗在美国《新闻周刊》上撰文称，低碳技术将成为全球经济的"发动机"。英国重点发展三项低碳技术：碳捕获与封存、提高能效、生物质共燃。英国虽然在低碳技术领域没有蒸汽机那样鲜明的标志性技术，但是在低碳技术和产业方面仍具有非常明显的优势，而且英国低碳技术的迅速发展，已经释放出巨大的产业创新潜力。目前，英国低碳产业的从业人员多达 88 万人。

（三）英国能源结构转型经验

从全球来看，英国走的是典型的"先污染，后治理"的发展道路，但回顾其发展历程，从工业革命时期的严重污染到今天的全球生态典范，留给世人许多值得深思的经验和教训。

（1）政策前瞻性。有学者指出，过去 500 多年的世界近代史是由西方主导的，西方之所以能主导世界是源自工业化的力量。英国是世界上第一个发生工业革命的国家，在英国强大的生产力和巨大的工业财富的背后，英国的科学技术和制度在当时很长的历史时期内处于全球领先地位。英国不仅在资金和技术上具有绝对优势，而且在国家治理和国际战略的软力量上同样称雄全球。如今，英国虽然实力不如以前，但思想体系和宏观视野依旧领先，战略视野广阔。因此，从世界范围来看，在英国的能源替代过程中，决策方向始终具有明显的前瞻性和首创性，政策和法律也有很强的系统性。

（2）技术创新的市场化运作。低碳技术的研发不仅需要知识的积累，更需要资金投入；英国除政府直接投资外，还运用税费减免、财政补贴等手段，引导全社会投资低碳技术研发。2001 年英国投资设立碳基金，采取市场化运作模式，支持低碳技术研发。2005 年建立 3500 万英镑小型示范基金。2009 年专门从财政预算中拨出 4.05 亿美元支持绿色产业、绿色技术。2011 年 4 月，英国以"种子投资"的方式投资 30 亿英镑建设绿色投资银行，并以此吸引民间投资的跟进，拓宽低碳技术项目的融资渠道。

（3）碳交易体系的制度创新。英国是最早认识到"碳"贸易的商业机会的国家。率先从国家发展战略角度建立了较为完善的战略规划和政策体系，从碳税收、碳基金、碳交易市场、碳金融等各方面为"碳"贸易创新提供了保障。在某种意义上，全球围绕气候变化而进行的国际谈判，实质上可理解为关于"碳"贸易的谈判。2002—2006 年，英国试行了全球首个国家碳排放权交易体系，积累了丰富经验，为其参与和主导碳排放交易的国际规则设计占领了先机。

三、美国的新能源产业发展

美国是全球最发达的经济体，人口 3.2 亿，GDP 总量接近 18 万亿美元，是中国的 1.6 倍多，人均 GDP 为 55 805 美元，是中国的 4 倍。如图 4.3 所示为美国 EAPI 指数主要指标表现。

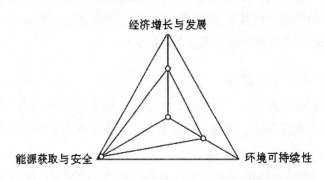

图 4.3　美国 EAPI 指数主要指标表现

美国的能源消费是以化石能源为主的相对均衡结构，根据美国能源信息署的数据，美国 2015 年能源消费总量为 97.7 千兆英热单位，其中石油占比最大，达到 36%，其次是天然气，占比 29%，煤炭占 16%，核能 9%，各类可再生能源占 10%。总体而言，化石能源仍占 81%，非化石能源占 19%。从行业分布来看，发电行业占大头，达到 39%；其次是运输行业，占比 28%。发电行业消耗的能源中，37% 是煤炭，26% 是天然气，13% 是可再生能源，22% 是核电。

（一）美国能源结构转型的历程

第一个阶段，煤炭主导。1885 年开始，煤炭逐渐成为主要能源，到 1910 年，煤炭能源占比达到 76.8%。

第二个阶段，油气主导。第一次世界大战后，石油能源的比重越来越高。1949 年石油超过煤炭成为第一大能源，与此同时，天然气产量也得到迅猛增长，在天然气管道大规模铺设完成后，1956 年成为第二大能源。在这一阶段，美国运用外交和军事手段，重塑了国际石油秩序，确立了自己在国际石油体系的地位和稳定供应。几次石油危机后，美国更加重视能源安全，运用货币、金融手段，牢牢控制了国际石油市场的主导权。

第三个阶段，页岩气主导。页岩气革命之后，天然气消费占比得以提升，从 2005 年的 24.2% 提高到 2015 年的 31.3%。美国有望利用页岩气实现能源独立。

美国是世界上最早使用核能的国家（包括军用和民用），核电技术先进、装机容量多，核电技术从 20 世纪 60 年代开始发展，推动了随后近 20 年的核电站建设的高峰，核电占比直线上升，但 1979 年三厘岛事故之后，美国社会反对核电的呼声高涨，自 1982 年之后美国就再也没有批准建设新的核电站。因此，美国核能始终没有成为主导能源。核能在一次能源消费总量中的占比维持在 7% ~ 9%，核电占总发电量的比重维持在 18.21%。而核电装机容量第二的法国和第三的日本，核电占比高达 70% 和 30%。

（二）美国能源结构转型的路径

美国的能源政策一向更加注重能源获取与安全、经济发展与增长，环境可持续性是在满足前两者之后的兼顾目标。所以，美国能源供应一直维持在较低的价格，在保持经济稳定方面发挥了重要作用。这一轮的能源结构转型，美国是两条腿走路，一方面大力发展页岩气，另一方面加大可再生能源的开发。

（1）充分发挥资源禀赋优势，发展页岩气作为替代能源。美国是一个能源资源丰富的国家，一直非常重视对自身资源的开发，在技术研发的投入上也是从不吝啬。据相关资料统计，从 20 世纪 80 年代到现在，美国对页岩气等非常规油气资源的勘探就先后投入了 60 多亿美元，并已成立了专门的研究基金，鼓励相关技术研发，为页岩气开发提供了基础技术。页岩气上游开发实施了一系列的优惠税收政策。得益于这些政策的扶持，美国企业积极投入页岩气开采技术的研发，取得了水力压裂、地下爆破等多项技术突破，开发成本大幅降低，页岩气开采进入了一个全新时代，被称为页岩气革命。

（2）开发可再生能源。美国可再生能源的发展起步较早，政府一般通过资金资助和贷款担保的方式予以支持。2005 年颁布《能源政策法案》，对提高能源效率、智能电网和新能源技术提供 100 亿美元的贷款担保，2009 年颁布《复苏与再投资法案》《清洁能源安全法》，对新能源产业直接给予巨额补助。除了联邦政府，美国各州政府也采取多种激励政策，如通过配额推动可再生能源生产，通过财政、税收、补贴政策降低可再生能源成本等。这些政策使美国可再生能源得到快速发展，风电、生物质能源开发方面处于全球领先地位。2015 年，美国生物质能源在可再生能源消费中占 49%。

（三）美国能源结构转型的经验

（1）要充分发挥自身的自然禀赋优势。美国选择页岩气作为替代能源，是充分考虑能源安全、经济增长的前提下，将自身的油气资源禀赋优势发挥得淋漓尽致。在化石能源结构中的主体地位短期内难以动摇的客观现实下，选择页岩气作为过渡性的替代能源将为可再生能源的大规模、广泛使用提供时间上的缓冲，以较小的成本完成资本和技术积累，这样的转型路径选择对于美国来说，是经济的、平稳的。相比之下，德国的跨越式转型，已经暴露出能源成本上升对经济增长和居民生活带来的冲击。

（2）法规和政策及时调整，提供能源结构转型全方位的支持。美国的互联网战略和能源转型，并不是自发的市场过程，法律和政策起到了很强的引导作用。美国能源立法体系健全，通过对研发支持、税收、信贷等一系列制度安排，形成支持能源技术开发和新能源市场发展的政策体系，同时，能够及时根据局势的变化，对相关政策进行高频率的调整，保障了能源战略顺利实施。

四、日本的新能源产业发展

日本人口 1.27 亿，GDP 总量超过 4 万亿美元，大约是中国的 40%，人均 GDP 为 32 485 美元，是中国的 2.7 倍。如图 4.4 所示为日本 EAPI 指数主要指标表现。

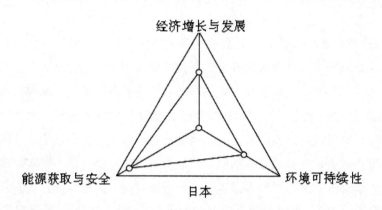

图 4.4　日本 EAPI 指数主要指标表现

日本经济规模全球第三，能源消费全球第五，但化石资源禀赋极为贫乏，日本国内的石油、天然气和煤炭产量基本为 0，进口依存度接近 100%。天然气和煤炭进口量分别是全球第一和第二位。

由于国内能源资源的缺乏，日本将核电发展作为重中之重，核燃料虽然也是进口的，但被认为是最为经济和清洁的。日本核电在总发电量中的占比一度高达 30%，依靠核电的大规模开发，日本能源自给率在 2010 年达到 19.9%。之后受福岛核事故影响，2012 年能源自给率下降为 6.3%，2013 年降到 6.1%。

2015 年，日本能源消费中，石油、煤炭、天然气占比分别为 42%、23%、27%，化石能源合计占比超过 90%，核能、水电和可再生能源合计不到 10%。

（一）日本能源结构转型的历程

第一阶段，20 世纪 50 年代之前，以煤炭为主。

第二阶段，20 世纪 60 年代，石油替代煤炭。适逢国际油价低廉，石油消费占比上升 19 个点至 78%，煤炭消费占比下降 13 个点至 15.5%。

第三阶段，2011 年之前，多元化阶段。经历石油危机的冲击之后，日本大力发展核能、天然气，使能源结构转变得更加均衡、多元化，也更加安全，以石油、煤炭、核能和天然气为主，以太阳能、地热、风能、生物能源等新能源为辅。2010 年，石油、天然气、煤炭消费占比分别为 40%、17%、24%，核能、水力占比分别为 13%、4%。

第四阶段，2011 年之后，新一轮转型，主要是减少核电和发展可再生能源。受 2011 年福岛核事故影响，日本 54 座核电站全部停用，替代核电的石油、天然气和煤炭进口大量增加，贸易收支迅速恶化，日本政府在民众的担忧和反对声中，2015年8月11日，核电站重新启动，这意味着日本一年零11个月的"零核"时代结束。按照2015年日本经济产业省发布的《日本的能源计划》确定的目标，到2030年，能源自给率提高到24.3%，电力供应中可再生能源占比达到22%～24%，核能占比20%～22%，主要通过重启核电和提高火电能效来实现。

（二）日本能源结构转型的特点

（1）日本由于自身能源的匮乏，特别重视节能技术的研发，石油危机之后，日本更将提高能效提到国家战略的高度。日本能源利用效率很高。根据中国工程院院士陆佑楣的计算结果，2012年日本的单位GDP能耗是中国的1/7，接近世界平均水平的1/3。当然，这其中也有产业结构的影响，日本制造业占28%，而中国制造业占46.8%。此外，日本能源消费增长速度长期低于经济增长率，能源弹性系数也长期处于很低的水平。

（2）高度重视能源结构均衡。由于日本对能源进口的高度依赖，遭受石油危机的冲击也特别严重，所以日本一直高度重视能源安全和保障供给。首先，确保不同类型能源的相对均衡，避免单一类型的能源价格波动带来的影响。其次，能源进口渠道的多元化，过去日本对中东地区石油的进口依赖已成为能源安全中的最大风险，经过努力，日本的石油来源更加多元化，渠道更加丰富，稳定了石油供应。最后，日本建立了强大的石油储备机制，提高能源安全。1975年还制定了《石油储备法》，要求除了政府之外，企业也要履行石油储备义务，日本政府和企业的石油储备加起来，能够满足全国170天的供应。

（三）日本能源结构转型的借鉴经验

（1）发展核能要更加慎重。日本发展核能，除了出于提高能源自给率的考虑之外，更多的是考虑到核电的低成本优势。一般认为，核能具有明显的成本优势。核电成本分三部分：建造成本、运营成本、退役成本，虽然建造成本较高，回收周期较长，但运营成本极低，总的成本核算也比较有优势。当然，这是在核电站正常运营的情况下的核算，日本福岛核电事故就暴露出，如果遭遇灾难和事故，后期处理成本（经济、环境各方面）的巨大是难以想象的。如果从这个角度考虑，核电的成本优势也就不复存在了。

（2）可再生能源发展要避免一哄而上。日本从2012年实施"固定价格收购可再生能源的制度（简称FIT制度）"，要求电力公司以政府指导价收购可再生能源电力，以法律的形式促进可再生能源的发展。实施两年后，日本的太阳能发电速度加快。到2014年，太阳能发电的波动冲击已经超过电力公司的入网接受能力，电力公司陆续停止收购可再生能源电力，经济产业省也及时修正政策，从更加均衡、可承受的角度，重新设定太阳能发展目标，下调太阳能发电的收购价格，对支出负担设定上限。

五、国际新能源产业发展经验总结

从世界主要经济体能源转型的方向和进展来看，里夫金在《第三次产业革命》中展望的未来能源格局，正在变为现实。此外，新能源的发展方向、替代能源的选择和关键技术的突破与里夫金的构想如出一辙。因此，从总结概括德国、英国、美国、日本等发达经济体的能源转型经验来看，不论自身的能源禀赋如何，不论替代能源的选择是否相同，在以下几个方面却是共同的。

第一，能源转型的决策面临多重两难困境。各国决策者普遍面临两难困境，既要让市场起作用，又要在市场失灵部分加强政策调控；既要考虑节能环保等远期目标，又要保障当下经济发展的能源供应；不但要为发展可再生能源提供补贴，还要防止因补贴带来的能源价格高涨和财政压力过大。在确保能源供给和安全的前提下，能否有一个"既能保证环境可持续性，又能以较低成本获得能源供应"，兼顾各种目标的转型方案？从各国案例分析来看，各国的政策制定者都有不同的路径探索，但都面临这两难的困境。以日本为例，既要考虑能源供应自给率，确保能源安全，所以必须发展核电，又要考虑本国民众的接受程度和核电事故带来的风险和压力。再如德国，既要通过补贴引导和推动可再生能源的发展，又要考虑本国居民承受高电价的经济成本。

第二，能源转型路径选择要因地制宜，注重不同国家和地区的差异性。能源是经济发展的物质基础，也受到经济发展水平的制约。不同的国家和地区，不同的发展观和环保观、不同的经济发展水平、不同的能源工业发展阶段、不同的能源消费偏好、不同的环境承载能力、不同的科技研发能力，导致对能源核心概念的差异性理解，形成不同的能源发展战略、不同的转型路径。这种差异在德国、英国、美国、日本的案例中体现得非常明显。

第三，发展可再生能源是大势所趋。当今时代，在"气候变化"和"可再生能源"两大因素的影响下，全球政治经济体系的基础需要重新构建，原有的全球化制度安排，如能源、金融、贸易及相关的摩擦和争端解决机制，都随着气候变化问题的国际政治谈判和博弈，需要重新寻找定位和变革。这些国际规则的变化直接影响到各国国际关系和外交政策的变化。它们也直接从宏观层面改变了各国的能源战略和产业规划。虽然选择何种能源作为未来替代能源还没成为各国共识，但发展可再生能源已经成为各国减少碳排放、平衡能源结构、保障能源安全的必然途径。

第四，技术突破是能源转型发展的关键。新能源产业知识高度密集，谁掌握了技术，谁就占领了先机。传统的能源转换需要煤炭清洁利用的技术，包括碳捕捉、提高燃煤能效等技术。新能源发展需要光伏材料、太阳能电池、风电调速等技术支撑，新能源应用还需要智能电网、电动车技术等技术支撑。美、德、日等发达经济体技术储备丰富、资本雄厚,起步早,起点高,目前,这些关键技术的高端应用还都掌握在以上这些国家手中。

第五,科学的政策补贴,维护市场公平才能保证创新活力。能源转型前期投入巨大,光靠政府直接投资是不够的。美国、德国、英国都善于通过法律、政策构建完整的激励机制,运用金融手段,鼓励众多市场主体参与技术创新、基础设施建设。此外,在新能源产业发展初期,由于成本高、市场竞争力弱,无论哪个国家都需要财政补贴。但是,从案例中我们不难看出,德国、美国等国的财政补贴是对行业进行补贴,通过税收、低息贷款等政策进行调控,不是针对具体项目予以补贴,没有人为地造成不平等,不破坏市场机制的正常调节。

第三节 中国新能源产业发展对策

一、财税政策

(一)完善财税政策的指导思想

1.立足国情,借鉴国外经验

我国在制定促进新能源发展的财税政策时,不应盲目地借鉴国外发达国家在新能源方面的成功经验,而应该客观地考虑到本国的具体情况,如政治因素、经济因素、文化因素等诸多因素。无论在什么时候,在任何国家,我们都不应该把一个国家的基本国情放在一边去评价某项财税政策的好坏,由于任何一条具体的政策措施都有其存在和实施的客观依据,如果在实施财税政策时,忽略其存在的客观条件和外在的经济环境,那么就无法起到有效的推动作用。不论是安排财政补贴资金,还是实施具体的税收优惠措施,都不能忽略我国的基本国情。因此,在制定我国新能源发展的财政税收措施时,应在借鉴国外发达国家(美、日、韩)新能源发展财税政策的基础上,同时结合我国的客观实际情况,提出我国促进新能源发展的财税政策建议。

2.市场主导,政府扶持

建立完善的政府支持体系是发展新能源的重要保障。由于技术、成本等因素的制约,新能源在发展初期仍难以与传统能源竞争,政府扶持仍是发展新能源的主要推力。目前,我国已经设立了新能源发展专项启动资金,支持新能源发展的财政政策体系正逐步建立起来。然而,新能源产业要想最终得到发展,还需要提高产业竞争力。政府建立支持体系,要立足于发挥市场的力量,政府主要创造好的发展环境,发挥财税杠杆作用,增强产业的自我发展能力。在社会主义市场经济条件下,政府应保障经济的稳定发展,保障市场的公平,提高市场竞争的效率。在制定新能源财税措施时,我国政府在市场上应保持自身的中性原则，不应扰乱市场的正常运行。更准确地说，在市场失灵的领域，政府应制定相应的政策和措施，纠正市场失灵，促进新能源产业的发展。此外，政府应对财税政策的干预程度进行适当的把控，当新能源产业市场成熟后，政府应主动退出，保持政府的"中性"作用，让市场机制充分发挥作用，促进行业间的公平竞争。

3. 部门协调，政策配合

新能源产业的发展会牵涉诸多方面，如土地、产业布局、科技进步等，也会涉及国家多个部委，所以在新能源激励措施制定的过程中，应考虑到其他部门的具体规划，并与不同部门制定的促进新能源发展政策结合起来，形成协同效应，避免产生"政出多门、分头管理"的问题。

具体而言，财税政策需要与以下一系列的其他政策相结合：

第一，用法律法规等形式明确发展新能源的数量或具体比例，使财政税收政策对于市场的干预程度有一个清楚的认识；

第二，规定履行发展新能源的义务的具体部门，从而明确财税政策的应用对象；

第三，完善新能源企业的认证机制，保证财政资金专款专用；

第四，实施确保新能源电力上网的措施，同时财税政策能够协调到位，从而提高市场主体的积极性。

4. 明确职责，健全体制

发展新能源有利于保障能源安全和保护生态环境。同时，也有利于调整产业结构，发展地方经济。因此，发展新能源是各级政府的共同责任，需要中央和地方共同支持。明确中央和地方政府发展新能源的责任，充分发挥中央和地方政府的积极性，将会更有力地推进新能源发展。中央主要支持具有战略意义、目前尚处于研发阶段的新能源技术，如光伏发电等，同时做好整体新能源发展规划、资源评估、重大技术研发和重要示范，制定全国技术标准等；地方政府将主要负责推进技术成熟、基本可以商业化的新能源项目，如进一步扩大农村沼气、强制热水器安装等；同时中央和地方共同推进接近产业化边缘的光电、风电、生物能源大规模发展。中央做好规划、加强引导，并采取以奖代补方式支持鼓励地方加大投入；地方充分发挥信息充分的优势，因地制宜地确定推广模式，统筹解决发展中的问题，出台优惠政策，加强专项资金的管理，切实组织实施好财税政策。

（二）财政政策建议

1. 财政补贴

在新能源发展方面，我国目前的财政补贴主要投入在两个方面上，即技术研发和示范项目，地方政府的财政补贴除少量用在了新能源的研发外，其余大部分都应用于风能和太阳能电力推广上，依据《可再生能源法》的新要求，我国在以后制定新能源补贴措施时应注意以下几点：

第一，拓宽对新能源研究项目的补贴范围，加大补贴力度，在技术层面推动新能源发展；

第二，增加对应用型科研创新项目的财政补贴，促进技术成果转化，吸引投资者加大投资，扩张产业规模；

第三，根据企业生产产品的数量对其补贴，这会调动企业生产的积极性，产量增加了，企业的利润也相应提高了；

第四，政府在推广新能源产品时，应根据具体情况，予以消费者适当的政府补贴，鼓励人们使用新能源产品，这样一方面可以扩大市场，另一方面也促进了新能源产业的发展。

对上述四个方面，在前两个带有正外部效应的技术研究与开发的过程中，应该完全由中央政府提供财政补贴，后两个方面中的生产和消费补贴，考虑到新能源的归属地管理，可以让中央政府和地方政府共同承担。

2. 财政贴息

自 1987 年以来，我国政府出台了一系列促进新能源发展的财政贴息措施，可是这些政策的覆盖面不够宽泛，以风力发电产业为例，它是政策扶持发展的朝阳产业，可是我国始终是依照一般竞争性投资项目执行贷款政策，不仅缺少优惠的贷款利率政策支持，还款期限较短，这导致风力发电站建成以后，企业的还贷压力巨大，畸高的财务费用转嫁形成了风电的高电价，进一步削弱了风电的市场竞争力。因此，我国未来应继续完善财政贴息措施。具体有三个方面因素：

第一，政府应该适度地增加对新能源企业的贴息额度，继续扩大财政贴息的范围，鼓励基础研究项目，为鼓励新能源产业设备的国产化进程，对利用国产设备兴建的新能源企业，可以优先获得国家政策银行的贷款或贴息的支持；

第二，本着扶持的原则，对于新能源产业前期投入资金巨大的企业，政府应允许其适当延长贴息期限；

第三，对于特定的低息贷款，政府应该允许一般金融机构参与，从而拓展融资渠道，让更多的闲置资金投入新能源产业，促使其发展。

3. "竞价上网"政策扶持

财政直接补贴政策和财政贴息政策主要着眼于新能源的研究开发、生产环节，而在消费环节，主要是太阳能热利用和新能源的电力上网，其中太阳能热利用（如太阳能热水器）在我国已经是一个相对成熟的产业，而且相对于新能源转化为电力的总量而言还很小，因此不再单独分析，只重点分析新能源在"竞价上网"下的财政政策措施。

"竞价上网"是指厂网分离（发电企业和输电企业分开，实现电力市场化改革）的情况下，通过发电企业电力产品的价格竞争，输电企业选择为价格最优的电厂提供优先输送的服务，这个过程要受到政府的严格监管。虽然我国于 2006 年 1 月开始实施《可再生能源发电有关管理规定》，但是其中对"可再生能源发电项目的上网电价"规定得非常模糊，对于政府补助，各地也正处在研究试点之中，地方政府的补贴能否到位还不清楚。我国应借鉴国外先进的政策经验，完善这些扶持政策，具体有以下三个方面。

第一，必须提供新能源的价格补助措施。由于技术上的复杂性、规模化以及持续性等因素，新能源产生的绿色电力成本一般高于火力电价，我国电力体制改革实行"竞价上网"，那么在同等条件下，绿色电力肯定难以上网，对电网允许可再生电力就近上网并收购其全部电量的同时，可再生电力上网的额外成本按发电成本加还本付息和合理利润的原则确定财政补贴额，支持绿色电力的产业发展。

第二，为新能源电力进入电网制定固定的价格，促进新能源电力技术扩散。在价格固定、全额上网的情况下，超出部分应该在中央和地方进行分摊，或者全部让中央负担，来促进地方政府发展新能源。

第三，给予消费者一定的财政补贴。就消费者而言，由于新能源电力的成本偏高，使用会增加其生活成本，所以政府在推广时，应根据各地的具体情况，予以消费者适当的政府补贴，鼓励人们使用"绿色电力"。

4. 政府采购

政府采购是解决新能源电力价格初期较高的有效途径，并促进该产业快速发展。在新能源电力产业发展的前期，政府应该大力开拓现有市场，以期把节能显著、经济性好的新能源产品收录到政府采购的名录中，依靠政府采购建立市场需求，消除部分市场障碍，刺激社会对新能源产业的投资需求，通过规模经济发展的方式，进一步降低新能源电力的成本构成。在政府制订采购计划时，应该适度地向生产者倾斜，在政府制订采购招标的计划中安排更多的绿色消费产品，这样可对新能源产业形成财力的注入，同时在社会上产生良好的示范效应。此外，对于其他新能源产品，如太阳能照明系统、太阳能交通工具、太阳能热水器等，需要加强对各级政府机关、事业单位的培训和教育，使这些机构的采购主体充分认识到对新能源产品采购的重要现实意义，政府机关应该承担相应的责任，保证政府对新能源的绿色采购优先、到位，不但可以减轻政府的财政负担，又充分体现了市场的公平原则。

（三）税收政策建议

1. 增值税的完善

完善我国新能源增值税，首先要降低新能源发电企业的增值税税率。由于新能源发电技术的特殊性，发电过程不要消耗任何燃料，也就没有进项税额或者说进项税额比一般企业少，从而在计算增值税时不能进行抵扣或抵扣项较少。因此，与常规能源生产企业相比，新能源企业供应的产品成本中增值税所占的比例要大许多，增加了企业产品的生产成本。因此，如果按照全国统一的增值税税率17%征收显然是不合理的，也不利于与常规制造企业进行公平的竞争，建议对新能源发电企业实行与小水电相同的 6% 增值税率。这不仅可以降低新能源发电企业的不含税电价，还可以降低含税的上网电价，对发电企业和电网都有利。值得注意的是，这种优惠税率不应长期存在。当新能源产业利用已经成熟的时候，就可以恢复至与其他产业相同的增值税税率。其次，应适当扩大对鼓励节能减排、资源综合利用等方面的增值税优惠范围。例如，我国应加快实施太阳能光伏发电项目增值税即征即退 50% 的税收优惠政策，降低以生活垃圾为燃料等生物质能产品实行即征即退政策的市场准入门槛，除此之外，还应该扩大生物质能的来源范围等。

2. 关税的完善

对于关税的完善，首先，应设置新能源技术设备进口的关税优惠政策。我国新能源装备制造技术落后于国外水平，需要引进和吸收国外先进装备，而进口环节关税大大增加了引进成本。虽然我国目前的税收政策已经对进口风力发电设备给予了一定优惠，但是目前就整个新能源产业而言，国家暂时还没有出台关于进口关税的明文优惠规定，政府可以考虑对关税税则第十六类中的电力设备及其零件的关税、进口环节的增值税进行进一步的调整。对于那些目前国内还无法自主生产的设备，减免其进口环节关税；对于那些现阶段国内已经具备生产能力且技术相对成熟的设备进口，根据实际情况征收适度关税（在规定的免税目录中的项目除外）；对新能源利用企业生产电机组所需要的核心零部件，可免除其进口关税；通过这样的关税体系设置，可以强有力地激励外资企业在国内设立装备制造企业，这样不仅降低了新能源设备的成本，而且促进了我国相关的制造业发展。其次，对新能源产品出口的企业（主要指光伏电池）的税收优惠。我国光伏产业经历了全球倒闭潮和欧美"双反"调查的双重考验，这些企业特别需要政府的扶持，除了保留现在 17% 的高退税率以外，还应该增加退税的强度，可以通过将关税的退税与刺激国内内需相结合，如将国内的销售额的一定比例也并入出口退税税额中一并退税，这样一来，既可以加大对于我国光伏产业的扶持，帮助其度过"寒冬"，也能矫正我国光伏产业对国外市场的过度依赖，为我国光伏产业未来的健康发展奠定基础。

3. 所得税的完善

为了促进新能源产业的发展，中国应该建立以企业所得税为主要优惠税种的税收优惠政策体系，具体来看主要有以下四个方面。

第一，为了促进中国新能源产业的发展，政府应该鼓励企业开发新项目，促进科技成果转化，对新能源企业实际发生的研发费用加计扣除，还可以加大扣除力度，在现有扣除的基础上，按研发费用的标准，加计 100% 扣除；对于形成无形资产的，可按照无形资产成本的 200% 摊销。

第二，由于新能源企业发展的初期资金投入较大，技术转化为成果较漫长，造成企业产品的生产、销售不顺，企业实现盈利周期较长等问题，政府可以考虑适度延长企业用以后年度利润弥补亏所的年限，由 5 年延长到 8 年。

第三，为促进新能源产业的发展，政府应制定税收优惠政策，鼓励企业再投资。如对于新能源企业把其积累盈利再投资到新能源项目上的，允许其按照一定的比例据实扣除。

第四，对于购买使用新能源产品的企业或机构，政府可以允许其抵免部分企业所得税，以达到鼓励企业消费新能源产品的目的。

4.其他相关税种的完善

除上述主体税种的完善之外，还应该完善促进新能源发展的其他相关税种。具体可以考虑以下两个方面。

第一，进一步推进资源税改革。为了促进新能源产品的推广和应用，调节资源税收，可提高传统类化石能源的资源税税率，增加使用者的税负水平，迫使其放弃使用传统能源，继而转向新能源产品，以此来促进我国的能源发展转型。

第二，对于满足企业用地条件的新能源企业，可以适当免征或减征其耕地占用税与房产税。

二、金融政策

纵观全国，我国金融业仍以银行业为主，银行业发展程度较高。但与西方发达国家相比，我国的间接融资无论在规模还是在融资数量上看水平均较低。从这个角度来看，中国对信贷市场的依赖程度相对较高，间接表明中国的间接融资是发达的。然而，资本市场等直接融资水平并不高。因此，只有充分结合我国新能源产业的实际发展，不断推进金融体系创新，完善多层次的金融服务体系，才能更好地支持我国新能源产业健康可持续发展。

第一，鼓励开展创业投资与股权投资基金。政府应创造良好的创业投资与股权投资发展空间与环境，使尚处于成长早期阶段的创新型企业获得快速发展的机会。同时，要创造良好的空间和条件，确保社保基金、企业年金、保险公司等其他机构投资者能够更好地参与创业投资与股权投资基金中去。此外，要建立健全监管体系，为创业投资与股权投资行业健康发展提供良好的发展平台。

第二，尽快完善多层次的资本市场体系。确保不同层次的市场之间转板机制得到更好的完善，建立健全各层次市场之间的有机联系。政府应推动创业板市场体系进一步完善，鼓励符合条件的新能源产业企业上市，快速形成以创业板市场为重心的资本与产业有机结合的市场机制。不断推进场外交易市场建设，实行统一监管，使其满足各个不同发展阶段创业企业的生产发展需求。

第三，推动公司债券市场的不断发展。建立健全公司债券市场，支持固定收益类产品不断完善、创新发展，完善集中统一监管制度，同时对符合条件的新能源产业企业提供多元化的融资筹资渠道。

第四，倡导商业银行增强对新能源产业的扶持力度。在中小金融机构与新型金融服务机构快速发展的背景下，逐步完善、创新金融机构的服务方式及手段。对于有条件的商业银行，鼓励其设立专门的新能源产业服务部门或者服务机构，在风险得以控制的前提下，积极发展符合创新型企业自身特点的信贷产品，并抽取一定比例的信贷资金投入新能源产业发展上来。

三、人才政策

作为新兴产业，新能源产业的发展迫切需要大量高技能、高素质的人才。在企业的高端技术研发中，企业技术瓶颈的问题必须依靠人才。

第一，鼓励引进高素质人才。国家设立专门人才引进专项资金与高端人才引进项目资金。通过项目资金，重点引进高层次创新人才，特别是要注意引进高层次的创新团队。政府应继续加大扶持力度，吸引海外优秀毕业人才来华创业并为其提供广阔的发展空间平台。

第二，加强创新型人才培养。一方面，可以委以各高等院校、科学研究院所以及各类骨干企业，将国内重点学科、重点产业以及重大项目的实施与管理为基础载体，不断激励高等院校与科学研究院所将培养的技术人才投放到新能源产业发展的第一线，培养适合新能源产业发展需要的各方面人才；另一方面，积极鼓励企校联合培养战略性新兴产业复合人才，使培养的人才更符合社会生产发展的需要，大力支持企业为高等院校与各类科研机构投资设立实验培训基地。

第三，完善各类人才的使用、评估与考察制度。全面评估，将人才的引进、培养和科技创新及各类科研项目有机结合成为一个整体，不断深入探索，建立有利于人才培养与留住的各类政策，积极调动科研机构的积极性，培养人才的创新创业意识，最终目的是要把高层次的复合型人才引得进、留得住、用得好。

四、积极加强国际交流与合作

新能源产业的发展是无国界的，发展新能源产业是应对气候变化的重要方式与手段，保护全球环境需要全世界各国的共同努力。新能源及可再生能源资源虽然存在于本国，但是开发利用新能源则需要最高端的科技技术，新能源产业的发展最终取决于装备制造业的发展程度。未来新能源产业市场必将会是一个全球化的高端市场。

总而言之，支持新能源产业发展的政策措施是一个整体的有机系统，单独的几个政策措施很难发挥其本身应有的强大作用。想要合理充分地发挥各类政策的有效性，关键是要构建一个既协调又配套的政策体系。充分有效地整合各类资源，应不断深入地完善各类财税政策、金融政策以及人才政策等，最终加快新能源产业的发展。

第五章　新能源技术的应用

在全球能源短缺、提倡清洁能源的大背景下，新能源汽车是汽车行业发展的必然选择。从新能源汽车兴起的背景出发，针对我国新能源汽车行业发展面临的困境提出促进我国新能源汽车发展的相关措施具有重要意义。

第一节　新能源汽车

一、新能源汽车的概念

新能源又称非常规能源，是指传统能源之外的各种能源形式。新能源汽车是相对于传统汽车提出来的，传统的汽车是以汽油、柴油为燃料，而新能源汽车是指采用非常规车用燃料作为动力来源（或使用常规车用燃料、采用新型车载动力装置），综合车辆的动力控制和驱动方面的先进技术，形成的技术原理先进、具有新动力系统的汽车。目前在工程上可实现的新能源汽车技术包括混合动力、天然气车、纯电动车和燃料电池。新能源汽车被认为是现阶段减少空气污染和减缓能源短缺的有效方式。

二、新能源汽车的研究背景

开发新能源是未来广受关注的研究课题。新能源的研发和应用直接影响到汽车行业的未来命运，率先生产出新能源产品将成为利在当代、功在千秋的伟业。

能源紧缺问题严重，因此发展新能源汽车成为世界汽车行业发展的必然选择。石油价格不断飙升，新能源汽车显示出使用成本低的优势。各大汽车制造厂商也看到了新能源汽车的发展空间，开始加大研发和推广力度。

全球环境保护的呼声日益高涨，新能源汽车能够满足更苛刻的环保要求，并且一定程度上可以抑制温室气体的排放。我国在汽车产业飞速发展的同时面临严重的环境问题，以雾霾为主的环境污染已成为我国政府面临的一大问题，因为汽车尾气是我国环境污染的一个主要来源。针对汽车尾气污染问题，很多国家和地区针对汽车尾气排放的标准越来越严格。而为了达到不断提高的汽车尾气排放标准，各大汽车厂商不断改进发动机，提升效率，但技术提升的难度越来越大。发展新能源汽车以代替常规汽车，可以从根本上解决汽车尾气排放问题，从而改善空气质量，保护环境。

汽车工业是国民经济的支柱产业，并且汽车与人们的生活息息相关，已成为现代社会必不可少的组成成分。但是，以石油为燃料的传统汽车在为人们提供快捷、舒适的交通工具的同时，增加了国民经济对化石能源的依赖，加深了能源生产与消费之间的矛盾。随着资源与环境双重压力的持续增大，发展新能源汽车已成为未来汽车工业发展的方向。

三、新能源汽车研究的目的

立足于相关的能源知识，根据原电池原理和电解池原理，结合个人兴趣爱好，并借助研究性学习，深入了解新能源汽车，了解新能源汽车的动力系统，尽可能透彻地研究动力系统，尤其是纯电动车和混合动力，并将研究结果运用到日常生活中，形成环保选车、环保出行的意识。

四、新能源汽车的作用

（一）发展新能源汽车是缓解石油短缺的重要措施

发展新能源汽车是减少对石油的依赖，解决快速增长的能源需求与石油资源日渐枯竭的矛盾的重要途径之一。

近年来，我国汽车市场发展迅速，2012年乘用车产销量就已突破1500万辆。加之我国正处于工业化、城市化和机动化的重要阶段，汽车需求快速增长，且汽车消费市场还有相当大的发展空间。因此，大力发展新能源汽车是缓解我国石油短缺、降低石油对外依存度的重要措施。

（二）发展新能源汽车是降低环境污染的有效途径

新能源汽车与传统汽车相比，具有良好的环保性能，不仅尾气排放量少，而且效率高。

近年来，世界各国高度关注温室气体排放和气候变化问题。我国经济高速发展，但也面临严重的环境问题，如果能在新能源汽车领域率先实现突破，将会改变我国在气候变化上的被动地位，并为解决日益严重的能源环境问题做出积极贡献。

（三）发展新能源汽车是汽车工业发展的必由之路

新能源汽车将催生汽车动力技术的一场革命，并必将带动汽车产业升级，建立新型的国民经济战略产业，是汽车工业发展的必由之路。

（四）发展新能源汽车（电动车）是智能电网建设的重要内容

传统的电力系统实际用电负荷的波动性与发电机组额定工况下所要求的用电负荷稳定性之间存在固有矛盾，如何处理电力系统的峰谷差一直是让电网企业头疼的问题。

我国电力装机已突破 8 亿千瓦，并将持续增长，然而许多机组是为了应对电力系统短时间的峰值负荷而建设的，如果措施得法，建设 6 亿千瓦的装机容量就够用了。可以预计，作为智能电网建设的重要组成部分，电动车的发展能协助解决这一问题。

第二节　新能源汽车技术

一、混合动力汽车

（一）概念

混合动力车辆是指使用两种或以上能源的车辆，目前的混合动力车多数由内燃机及电动机推动，此类混合动力车叫油电混合动力车（Hybrid electric vehicle，简称HEV）。多数油电混合动力车使用燃油，因消耗较少燃油，且性能表现不错，被视为比一般由内燃引擎发动的车辆更环保的汽车。近年有的车辆可以从输电网络上向内部电池充电，叫插电式混合动力汽车（Plug-in hybridelectric vehicle，简称 PHEV）。若发电厂使用可再生能源或碳排放量低的发电方式，那就可以进一步降低碳排放量。

（二）分类

混合动力汽车的种类目前主要有三种。一种是以发动机为主动力，电动马达作为辅助动力的"并联方式"。这种方式主要以发动机驱动行驶，电动马达启动时产生强大的动力，在汽车起步、加速等发动机燃油消耗较大时，用电动马达辅助驱动的方式来降低发动机的油耗。这种方式的结构比较简单，只需要在汽车上增加电动马达和电瓶。另外一种是在低速时只靠电动马达驱动行驶，速度提高时由发动机和电动马达配合驱动的"串、并联方式"。启动和低速时只靠电动马达驱动行驶，当速度提高时，由发动机和电动马达共同高效地分担动力，这种方式需要动力分担装置和发电机等，因此结构复杂。还有一种是只用电动马达驱动行驶的电动汽车"串联方式"，发动机只作为电力的动力源，汽车靠电动马达驱动行驶。

（三）工作原理

混合动力电动汽车的动力系统主要由控制系统、驱动系统、辅助动力系统和电池组等部分构成。

以串联混合动力电动汽车为例，介绍一下混合动力电动汽车的工作原理。

在车辆行驶之初，电池组处于电量饱满状态，其能量输出可以满足车辆要求，辅助动力系统不需要工作。电池电量低于 60% 时，辅助动力系统启动；当车辆能量需求较大时，辅助动力系统与电池组同时为驱动系统提供能量；当车辆能量需求较小时，辅助动力系统为驱动系统提供能量的同时，还给电池组进行充电。由于电池组的存在，发动机在一种相对稳定的工况下工作，使其排放得到改善。

混合动力汽车采用能够满足汽车巡航需要的小排量发动机，依靠电动机或其他辅助装置提供加速与爬坡时所需的附加动力。其结果是提高了总体效率，同时并不降低性能。混合动力车装配可回收制动能量装置。在传统汽车中，当司机踩制动时，这种本可用来给汽车加速的能量作为热量被白白浪费。而混合动力车却能回收大部分能量，并将其暂时贮存起来供加速时再用。混合动力车通过对动力系统的智能控制来取得最大的效率，比如在公路上巡航时使用汽油发动机；而在低速行驶时，可以单靠电机驱动，不用汽油发动机辅助；某些情况下，两者相结合以获得最大效率。

（四）优、缺点

混合动力汽车通过把内燃机和电动机巧妙结合，获得了最高的效率，在保证动力足够输出的前提下，有效节省燃油。在目前充电站并未大规模建成的情况下，混合动力汽车可继续依靠现有加油站来保证它的正常使用。但混合动力汽车还存在一定的技术问题，电池效率还有待进一步优化，以降低实际使用成本，来实现大规模推广使用。

二、天然气汽车

（一）概念

简单地说，天然气汽车是以天然气为燃料的一种气体燃料汽车。天然气的甲烷含量一般在 90% 以上，它是一种很好的汽车发动机燃料。目前，天然气被世界公认为最现实和技术上比较成熟的车用汽油、柴油的代用燃料。

（二）工作原理

目前，国内外汽车使用天然气时，都是将原来的燃油发动机进行改装，以适合燃烧天然气。按燃烧天然气的特点专门设计、制造的发动机还比较少，天然气车的工作原理根据工作原理的不同、改用天然气的工作方式有以下两种。（1）汽油车使用天然气作为燃料，工作原理与原来的汽油机相同，高压气瓶中储存的天然气经过减压后被送到混合器中，在此与空气混合，进入气缸；使用原汽油机的点火系统中的火花塞点火。原汽油机的压缩比不变，原发动机结构基本不变，只是另外加上天然气的储气瓶、减压阀及相应的开关。（2）柴油汽车的改装有两种方法。第一种是原柴油机结构基本不变，按电点火方式改装，即按汽油机工作原理工作。第二种是原柴油机的燃料系统不变，再加上和上面相同的天然气燃料系统，一般压缩比不变。发动机气缸吸入空气和天然气的混合气后，由原来的柴油喷油器喷入少量的柴油作引燃用。柴油被点着后，点燃可燃混合气进行工作，这就是双燃料天然气发动机的工作原理。

（三）优、缺点

1. 优点

（1）天然气汽车是清洁燃料汽车。

（2）天然气汽车有显著的经济效益，可降低汽车营运成本。

（3）比汽油汽车更安全。压缩天然气本身就是比较安全的燃料，天然气燃点高，不易点燃；密度低，很难形成遇火燃烧的浓度；辛烷值高，抗爆性能好；爆炸极限窄，天然气燃烧困难。

2. 缺点

（1）压缩天然气汽车所用的配件比汽油车要求更高。

（2）压缩天然气汽车的动力性略有降低。燃烧天然气的汽车动力性下降 5 % ~ 15 %。

（3）改装的一次性投资较大。目前，改装一辆压缩天然气汽车需 4000 ~ 6000 元，不过随着日后技术的不断进步，费用会继续降低。

三、纯电动汽车

（一）概念

纯电动汽车是指由电机驱动的汽车，电机的驱动电能来源于车载可充电蓄电池或其他能量储存装置。纯电动汽车的电机相当于内燃机汽车的发动机，蓄电池或其他能量储存装置相当于内燃机汽车油箱中的燃料。目前，纯电动汽车是发展最快的新能源汽车，也是新能源汽车发展的重点。

电动汽车标准体系建设直接关系到整个产业的可持续发展，目前我国已发布电动汽车标准 80 余项，涵盖电动汽车整车、关键总成（含电池、电机、电控）、充换电设施、充电接口和通信协议等，明确了电动汽车的分类和定义，以及测试方法和技术要求，规定了电池、电机等关键零部件的技术条件，规范了充换电基础设施建设，统一了车与充电设施之间的充电接口和通信协议。建立的电动汽车标准体系基本满足现阶段电动汽车市场准入、科研、产业化和商用化运行的需要。

1. 电源系统

电源系统主要包括动力电池、电池管理系统、车载充电机及辅助动力源等。动力电池是电动汽车的动力源，是能量的存储装置，也是目前制约电动汽车发展的关键因素，要使电动汽车有竞争力，关键是开发出比能量高、比功率大、使用寿命长、成本低的动力电池。目前纯电动汽车以锂离子蓄电池为主。电池管理系统实时监控动力电池的使用情况，对动力电池的端电压、内阻、温度、电解液浓度、当前电池剩余电量、放电时间、放电电流和放电深度等动力蓄电池状态参数进行检测，并按动力电池对环境温度的要求进行调温控制，通过限流控制避免动力蓄电池过充、过放电，对有关参数进行显示和报警，其信号流向辅助系统的车载信息显示系统，以便驾驶员随时掌握信息并配合其操作，按需要及时对动力电池充电并进行维护保养。车载充电机是把电网供电制式转换为对动力电池充电要求的制式，即把交流电转换为相应电压的直流电，并按要求控制其充电电流。辅助动力源一般为 12 V 或 24 V 的直流低压电源，它主要给动力转向、制动力调节控制、照明、空调、电动窗门等各种辅助用电装置提供所需的能源。

2. 驱动电机系统

驱动电机系统主要包括电机控制器和驱动电机。电机控制器是按整车控制器的指令、驱动电机的转速和电流反馈信号等，对驱动电机的转速、转矩和旋转方向进行控制。电机在纯电动汽车中承担着电动和发电的双重功能，即在正常行驶时承担主要的电动功能，将电能转化为机械旋转能；而在减速和下坡滑行时又要发电，承担发电机功能，将车轮的惯性动能转换为电能。

3. 整车控制器

整车控制器根据驾驶员输入的加速踏板和制动踏板的信号，向电机控制器发出相应的控制指令，对电机进行启动、加速、减速、制动控制。在纯电动汽车减速和下坡滑行时，整车控制器配合电源系统的电池管理系统进行发电回馈，使动力蓄电池反向充电。整车控制器还对动力蓄电池的充、放电过程进行控制。与汽车行驶状况有关的速度、功率、电压、电流及有关故障诊断等信息还需传输到车载信息显示系统进行相应的数字或模拟显示。

4. 辅助系统

辅助系统包括车载信息显示系统、动力转向系统、导航系统、空调、照明及除霜装置、刮水器和收音机等，这些辅助设备可提高汽车的操纵性和乘员的舒适性。

未来电动汽车的车载信息显示系统将全面超越传统汽车仪表的现有功能，系统主要功能包括全图形化数字仪表、GPS 导航、车载多媒体影音娱乐、整车状态显示、远程故障诊断、无线通信、网络办公、信息处理、智能交通辅助驾驶等。未来的车载信息显示系统是人、车、环境的充分交互，集电子、通信、网络、嵌入式等技术为一体的高端车载综合信息显示平台。

5. 纯电动汽车驱动系统布置形式

纯电动汽车驱动系统布置形式是指驱动轮数量、位置以及驱动电机系统布置的形式。

电动汽车的驱动系统是电动汽车的核心部分，其性能决定着电动汽车行驶性能的好坏。电动汽车的驱动系统布置取决于电机驱动方式，可以有多种类型。电动汽车的驱动方式主要有后轮驱动、前轮驱动和四轮驱动。

（1）后轮驱动方式

后轮驱动方式是传统的布置方式，适合中高级电动轿车和各种类型电动客货车，有利于车轴负荷分配均匀，汽车操纵稳定性、行驶平顺性较好。

后轮驱动方式主要有传统后驱动布置形式、电机—驱动桥组合后驱动布置形式、电机—变速器一体化后驱动布置形式、轮边电机后驱动布置形式、轮毂电机后驱动布置形式等。

传统后驱动布置形式与传统内燃机汽车后轮驱动系统的布置方式基本一致，带有离合器、变速器和传动轴，驱动桥与内燃机汽车驱动桥一样，只是将发动机换成电机。变速器通常有 2 ~ 3 个挡位，可以提高电动汽车的启动转矩，增加低速时电动汽车的后备功率。这种布置形式一般用于改造型电动汽车。

电机—驱动桥组合后驱动布置形式取消了离合器、变速器和传动轴，但具有减速差速机构，把驱动电机、固定速比的减速器和差速器集合为一个整体，通过 2 个半轴来驱动车轮。此种布置形式的整个传动长度比较短，传动装置体积小，占用空间小，容易布置，可以进一步降低整车的重量，但对电机的要求较高，不仅要求电机具有较高的启动转矩，而且要求电机具有较大的后备功率，以保证电动汽车的启动、爬坡、加速超车等动力性。一般低速电动汽车采用这种布置形式。

电机—变速器一体化驱动系统可以综合协调控制电机和变速器，最大限度地改善电机的输出动力特性，增大电机转矩的输出范围，在提升电动汽车的动力性的同时，使电机最大限度地工作在高效经济区域内。变速器一般采用 2 挡自动变速器。

采用轮边电机后驱动布置形式的轮边电机与减速器集成后融入驱动桥上，采用刚性连接，减少高压电器数量和动力传输线路长度。优化后的驱动系统可降低车身高度，提高承载量，提升有效空间。

轮毂电机后驱动的纯电动汽车，零部件数量较少，动力系统的体积较小，因而车辆的动力系统变得更加简单，车内空间的实用性和利用率大大提高。每个车轮独立的轮毂电机省掉了传动半轴和差速器等装置，同样节省了大量空间且传动效率更高。将动力蓄电池放置在传统的发动机舱中，将辅助蓄电池、电机控制器、充电机等布置在车尾附近，根据实际需要，可以在车辆上灵活地布置电池组。从另一个方面来看，在满足目前空间需求的前提下，采用轮毂电机驱动的车辆在体积上变得更加小巧，这将改善城市的拥堵和停车等问题。同时，独立的轮毂电机在驱动车辆方面灵活性更高，能够实现传统车辆难以实现的功能或驾驶特性。

（2）前轮驱动方式

前轮驱动纯电动汽车结构紧凑，有利于其他总成的安排，在转向和加速时，行驶稳定性较好；前轮驱动兼转向，结构复杂，上坡时前轮附着力减小，易打滑。前轮驱动方式适用于中级及中级以下的电动轿车。

前轮驱动方式主要有电机—驱动桥组合前驱动布置形式、电机—变速器组合前驱动布置形式、电机—变速器一体化前驱动布置形式、轮边电机前驱动布置形式、轮毂电机前驱动布置形式等。

（3）四轮驱动方式

四轮驱动方式适用于动力性强的电动轿车或城市 SUV，与四轮驱动内燃机汽车相比，四轮驱动纯电动汽车能够取消部分传动零件，提高空间的利用率和动力的传递效率。

四轮驱动方式主要采用轮边电机或轮毂电机方式。电机四轮驱动可以极大地节省空间，并且每个车轮都是一个独立的动力单元，因此能够实现对每一个车轮进行精准的转矩分配，反应更快、更直接，效率更高，这是目前传统四轮驱动汽车无法做到的。轮边电机和轮毂电机驱动布置形式是纯电动汽车驱动系统布置形式的发展趋势。

随着电机技术和变速技术的发展，会有更多驱动系统布置形式出现。电动汽车驱动系统布置的原则是简单、节省空间、效率高。

6. 动力性能要求

车辆的动力性能应满足以下要求：

（1）30 min 最高车速。30 min 最高车速是指电动汽车能够以最高平均车速持续行驶 30 min 以上。按照 GB/T 18385-2005《电动汽车动力性能试验方法》规定的试验方法测量 30 min 最高车速，其值应不低于 80 km/h。

（2）加速性能。按照 GB/T 18385-2005《电动汽车动力性能试验方法》规定的试验方法测量车辆 0～50 km/h 和 50～80 km/h 的加速性能，其加速时间应分别不超过 10 s 和 15 s。

（3）爬坡性能。按照 GB/T 18385-2005《电动汽车动力性能试验方法》规定的试验方法测量车辆爬坡速度和最大爬坡度，车辆通过 4% 坡度的爬坡速度不低于 60 km/h；车辆通过 12% 坡度的爬坡速度不低于 30 km/h；车辆最大爬坡度不低于 20%。

7. 可靠性要求

车辆的可靠性应满足以下要求：

（1）里程分配。可靠性行驶的总里程为 15000 km，其中强化坏路 2000 km，平坦公路 6000 km，高速公路 2000 km，工况行驶 5000 km（工况行驶按照 GB/T 19750 中的要求进行）；可靠性行驶试验前的动力性能试验里程以及各试验间的行驶里程等可计入可靠性试验里程。

（2）故障。整个可靠性试验过程中，整车控制器及总线系统、动力蓄电池及管理系统、电机及电机控制器、车载充电机等系统和设备不应出现危及人身安全、引起主要总成报废、对周围环境造成严重危害的故障（致命故障）；也不应出现影响行车安全、引起主要零部件和总成严重损坏或用易损备件和随车工具不能在短时间内排除的故障（严重故障）。

（3）车辆维护。车辆的正常维护和充电应按照车辆制造厂的规定；整个行驶试验期间，不应更换动力系统的关键部件，如电机及其控制器、动力蓄电池及管理系统、车载充电机。

（4）性能复试。可靠性试验结束后，进行 30 min 最高车速、续驶里程复试。其 30 min 最高车速复测值应不低于初始所测值的 80%，且应不低于 70 km/h；工况续驶里程复试值应不低于初始所测值的 80%，且应不低于 70 km。

（二）纯电动车工作原理

电动汽车由电力驱动及控制系统、驱动力传动等机械系统构成。电力驱动及控制系统是电动汽车的核心，也是区别于内燃机汽车的最大不同点。电力驱动及控制系统由驱动电动机、电源和电动机的调速控制装置等组成。电动汽车的其他装置基本与内燃机汽车相同，纯电动车所用的电池多是镍氢电池或锂离子电池，可回收再利用。

1.纯电动汽车电源系统

纯电动汽车电源系统主要由动力电池、电池管理系统、车载充电机、辅助电源等组成，其功能是向用电装置提供电能、监测动力电池使用情况以及控制充电设备向蓄电池充电。

（1）动力电池主要性能指标

电动汽车上的动力电池主要是化学电池，即利用化学反应发电的电池，分为原电池、蓄电池和燃料电池；物理电池一般作为辅助电源使用，如超级电容器。

动力电池是电动汽车的储能装置，要评定动力电池的实际效应，主要是看其性能指标。动力电池性能指标主要有电压、容量、内阻、能量、功率、输出效率、自放电率、使用寿命等，动力电池种类不同，其性能指标也有差异。

电池电压主要有端电压、标称（额定）电压、开路电压、工作电压、充电终止电压和放电终止电压等。

①端电压。电池的端电压是指电池正极与负极之间的电位差。

②标称电压。标称电压也称额定电压，是指电池在标准规定条件下工作时应达到的电压。标称电压由极板材料的电极电位和内部电解液的浓度决定。铅酸蓄电池的标称电压是 2 V，金属氢化物镍蓄电池的标称电压为 1.2 V，磷酸铁锂电池的标称电压为 3.2 V，锰酸锂离子电池的标称电压为 3.7 V。

③开路电压。电池在开路条件下的端电压称为开路电压，即电池在没有负载情况下

的端电压。

④工作电压。工作电压也称负载电压，是指电池接通负载后处于放电状态下的端电压。电池放电初始的工作电压称为初始电压。

⑤充电终止电压。蓄电池充足电时，极板上的活性物质已达到饱和状态，再继续充电，电池的电压也不会上升，此时的电压称为充电终止电压。铅酸蓄电池的充电终止电压为 2.7 ~ 2.8 V，金属氢化物镍蓄电池的充电终止电压为 1.5 V，锂离子蓄电池的充电终止电压为 4.25 V。

⑥放电终止电压。放电终止电压是指电池在一定标准所规定的放电条件下放电时，电池的电压将逐渐降低，当电池不宜继续放电时，电池的最低工作电压称为放电终止电压。如果电压低于放电终止电压后电池继续放电，电池两端电压会迅速下降，形成深度放电。这样，极板上形成的生成物在正常充电时就不易再恢复，从而影响电池的寿命。放电终止电压和放电率有关，放电电流直接影响放电终止电压。在规定的放电终止电压下，放电电流越大，电池的容量越小。金属氢化物镍蓄电池的放电终止电压为 1 V，锂离子蓄电池的放电终止电压为 3.0 V。

（2）容量

容量是指完全充电的蓄电池在规定条件下所释放的总的电量，单位为 A·h 或 kA·h，它等于放电电流与放电时间的乘积。单元电池内活性物质的数量决定单元电池含有的电荷量，而活性物质的含量由电池使用的材料和体积决定，通常电池体积越大，容量越高。电池的容量可以分为额定容量、n 小时率容量、理论容量、实际容量、荷电状态等。

①额定容量。额定容量是指在室温下完全充电的蓄电池以 I（1A）电流放电，达到终止电压时所放出的容量。

②n 小时率容量。n 小时率容量是指完全充电的蓄电池以 n 小时率放电电流放电，达到规定终止电压时所释放的电量。

③理论容量。理论容量是把活性物质的质量按法拉第定律计算得到的最高理论值。为了比较不同系列的电池，常用比容量的概念，即单位体积或单位质量的电池所能给出的理论电量，单位为 A·h/L 或 A·h/kg。

④实际容量。实际容量也称可用容量，是指蓄电池在一定条件下所能输出的电量，它等于放电电流与放电时间的乘积，其值小于理论容量。实际容量反映了蓄电池实际存储电量的大小，蓄电池容量越大，电动汽车的续驶里程就越远。在使用过程中，电池的实际容量会逐步衰减。国家标准规定，新出厂的电池实际容量大于额定容量值的为合格电池。

⑤荷电状态。荷电状态（state of charge，SOC）是指蓄电池在一定放电倍率下，剩余电量与相同条件下额定容量的比值，反映蓄电池容量变化的特性。SOC=1 即表示蓄电池为充满状态。随着蓄电池的放电，蓄电池的电荷逐渐减少，此时蓄电池的充电状态

可以用 SOC 值的百分数的相对量来表示电池中电荷的变化状态。一般蓄电池放电高效率区为 50% ~ 80% SOC。对蓄电池 SOC 值的估算已成为电池管理的重要环节。

（3）内阻

电池的内阻是指电流流过电池内部时所受到的阻力，一般是蓄电池中电解质，正、负极群，隔板等电阻的总和。电池内阻越大，电池自身消耗掉的能量越多，电池的使用效率越低。内阻很大的电池在充电时发热很严重，使电池的温度急剧上升，对电池和充电机的影响都很大。随着电池使用次数的增多，由于电解液的消耗及电池内部化学物质活性的降低，蓄电池的内阻会有不同程度的升高。电池内阻通过专用仪器测量得到。

绝缘电阻是电池端子与电池箱或车体之间的电阻。

（4）能量

电池的能量是指在一定放电制度下，电池所能输出的电能，单位为 W·h 或 kW·h。它影响电动汽车的续驶里程。电池的能量分为总能量、理论能量、实际能量、比能量、能量密度、充电能量、放电能量等。

①总能量。总能量是指蓄电池在其寿命周期内电能输出的总和。

②理论能量。理论能量是电池的理论容量与额定电压的乘积，指一定标准所规定的放电条件下，电池所输出的能量。

③实际能量。实际能量是电池实际容量与平均工作电压的乘积，表示在一定条件下电池所能输出的能量。

④比能量。比能量也称质量比能量，是指电池单位质量所能输出的电能，单位为 Wh/kg。我们常用比能量来比较不同的电池系统。

比能量有理论比能量和实际比能量之分。理论比能量是指 1 kg 电池反应物质完全放电时理论上所能输出的能量；实际比能量是指 1 kg 电池反应物质所能输出的实际能量。由于各种因素的影响，电池的实际比能量远小于理论比能量。

电池的比能量是综合性指标，它反映了电池的质量水平。电池的比能量影响电动汽车的整车质量和续驶里程，是评价电动汽车的动力电池是否满足预定的续驶里程的重要指标。

⑤能量密度。能量密度也称体积比能量，是指电池单位体积所能输出的电能，单位为 W·h/L。

⑥充电能量。充电能量是指通过充电机输入蓄电池的电能。

⑦放电能量。放电能量是指蓄电池放电时输出的电能。

（5）功率

电池的功率是指电池在一定的放电制度下，单位时间内所输出能量的大小，单位为 W 或 kW。电池的功率决定了电动汽车的加速性能和爬坡能力。

①比功率。单位质量电池所能输出的功率称为比功率，也称质量比功率，单位为

W/kg 或 kW/kg。

②功率密度。从蓄电池的单位质量或单位体积所获取的输出功率称为功率密度，单位为 W/kg 或 W/L。从蓄电池的单位质量所获取的输出功率称为质量功率密度；从蓄电池的单位体积电池所获取的输出功率称为体积功率密度。

（6）输出效率

动力电池作为能量存储器，充电时把电能转化为化学能储存起来，放电时把电能释放出来。在这个可逆的电化学转换过程中，有一定的能量损耗，能量损耗通常用电池的容量效率和能量效率来表示。影响能量效率的原因是电池存在内阻，它使电池充电电压增加，放电电压下降。内阻的能量以电池发热的形式损耗掉。

（7）自放电率

自放电率是指电池在存放期间容量的下降率，即电池无负荷时自身放电使容量损失的速度，它表示蓄电池搁置后容量变化的特性。自放电率用单位时间容量降低的百分数表示。

（8）放电倍率

电池放电电流的大小常用"放电倍率"表示，电池的放电倍率用放电时间表示或者说以一定的放电电流放完额定容量所需的小时数来表示，由此可见，放电时间越短，放电倍率越高，则放电电流越大。

放电倍率等于额定容量与放电电流之比，根据放电倍率的大小，可分为低倍率（＜0.5 C）、中倍率（0.5 ~ 3.5 C）、高倍率（3.5 ~ 7.0 C）、超高倍率（＞7.0 C）。

例如，某电池的额定容量为 20 A·h，若用 4 A 电流放电，则放完 20 A·h 的额定容量需用 5 h，也就是说以 5 倍率放电，用符号 C/5 或 0.2 C 表示，为低倍率。

（9）使用寿命

使用寿命是指电池在规定条件下的有效寿命期限。电池发生内部短路或损坏而不能使用，以及容量达不到规范要求时电池使用失效，这时电池的使用寿命终止。

电池的使用寿命包括使用期限和使用周期。使用期限是指电池可供使用的时间，包括电池的存放时间。使用周期是指电池可供重复使用的次数，也称循环寿命。

除此之外，成本也是一个重要的指标。目前，电动汽车发展的瓶颈之一就是电池价格高。

2. 动力电池的主要类型

电动汽车的动力电池主要有铅酸蓄电池、金属氢化物镍蓄电池、锂离子蓄电池、锌空气电池、超级电容器等。

3. 动力蓄电池循环寿命测试

蓄电池循环寿命是衡量蓄电池性能的一个重要参数。在一定的充放电制度下，蓄电池容量降至某一规定值之前，蓄电池所能承受的循环次数，称为蓄电池的循环寿命。影响蓄电池循环寿命的因素有电极材料、电解液、隔膜、制造工艺、充放电制度、环境温度等，在进行循环寿命测试时，要严格控制测试条件。

动力蓄电池循环寿命主要分为标准循环寿命和工况循环寿命。标准循环寿命是指测试样品按规定办法进行标准循环寿命测试时，循环次数达到 500 次时放电容量应不低于初始容量的 90%，或者循环次数达到 1000 次时放电容量应不低于初始容量的 80%。工况循环寿命根据电动汽车类型的不同而不同。

4.纯电动汽车驱动电机系统

纯电动汽车驱动电机系统主要由电机和电机控制器组成，其中电机是电动汽车的核心部件之一，其性能的好坏直接影响电动汽车驱动系统的性能，特别是电动汽车的最高车速、加速性能及爬坡性能等。电动汽车的电机主要有直流电机、无刷直流电机、异步电机、永磁同步电机、开关磁阻电机等。

（1）电机的主要性能指标

电机是将电能转换成机械能或将机械能转换成电能的装置，它具有能做相对运动的部件，是一种依靠电磁感应而运行的电气装置。电机主要性能指标有额定功率、峰值功率、额定转速、最高工作转速、额定转矩、峰值转矩、堵转转矩、额定电压、额定电流、额定频率等。

①额定功率。额定功率是指电机额定运行条件下轴端输出的机械功率。电机的功率等级有 1 kW、2.2 kW、3.7 kW、5.5 kW、7.5 kW、11 kW、15 kW、18.5 kW、22 kW、30 kW、37 kW、45 kW、55 kW、75 kW、90 kW、110 kW、132 kW、150 kW、160 kW、185 kW、200 kW 及以上。

②峰值功率。峰值功率是指电机在规定的时间内运行的最大输出功率。

③额定转速。额定转速是指额定运行（额定电压、额定功率）条件下电机的最低转速。

④最高工作转速。最高工作转速是指在额定电压时，电机带载运行所能达到的最高转速，它影响电动汽车的最高设计速度。

⑤额定转矩。额定转矩是指电机在额定功率和额定转速下的输出转矩。

⑥峰值转矩。峰值转矩是指电机在规定的持续时间内允许输出的最大转矩。

⑦堵转转矩。堵转转矩是指转子在所有角位堵住时所产生的最小转矩。

⑧额定电压。额定电压是指电机正常工作的电压。电机电源的电压等级为 36 V、48 V、120 V、144 V、168 V、192 V、216 V、240 V、264 V、288 V、312 V、336 V、360 V、384 V、408 V、540 V、600 V。

⑨额定电流。额定电流是指电机额定运行（额定电压、额定功率）条件下电枢绕组（或定子绕组）的线电流。

⑩额定频率。额定频率是指电机额定运行条件下电枢（或定子侧）的频率。

电机在额定运行条件下输出额定功率时，称为满载运行，这时电机的运行性能、经济性及可靠性等均处于优良状态。输出功率超过额定功率时称为过载运行，这时电机的负载电流大于额定电流，将会引起电机过热，从而减少电机的使用寿命，严重时甚至会烧毁电机。电机的输出功率小于额定功率时称为轻载运行，轻载运行时电机的效率和功率因数等运行性能均较差，因此应尽量避免电机轻载运行。

（2）直流电机

直流电机是将直流电能转换成机械能的电机，是电机的主要类型之一，具有结构简单、技术成熟、控制容易等特点，在早期的电动汽车或希望获得更简单的结构的电动汽车中应用，特别是场地用电动车辆和低速电动汽车。

①直流电机的类型

直流电机分为绕组励磁式直流电机和永磁式直流电机。在电动汽车所采用的直流电机中，小功率电机采用的是永磁式直流电机，大功率电机采用的是绕组励磁式直流电机。

绕组励磁式直流电机根据励磁方式的不同，可分为他励式、并励式、串励式和复励式4种类型。

A 他励式直流电机。他励式直流电机的励磁绕组与电枢绕组无连接关系，而由其他直流电源对励磁绕组供电。因此，励磁电流不受电枢端电压或电枢电流的影响。永磁式直流电机也可看作他励式直流电机。

在他励式直流电机运行过程中，励磁磁场稳定而且容易控制，容易实现电动汽车的再生制动要求。但当采用永磁激励时，虽然电机效率高，重量和体积较小，但由于励磁磁场固定，电机的机械特性不理想，驱动电机产生不了足够大的输出转矩来满足电动汽车启动和加速时的大转矩要求。

B 并励式直流电机。并励式直流电机的励磁绕组与电枢绕组并联，共用同一电源，性能与他励式直流电机基本相同。并励绕组两端电压就是电枢两端电压，但是励磁绕组用细导线绕成，其匝数很多，因此具有较大的电阻，使得通过它的励磁电流较小。

C 串励式直流电机。串励式直流电机的励磁绕组与电枢绕组串联后，再接于直流电源，这种直流电机的励磁电流就是电枢电流。这种电机内磁场随着电枢电流的改变有显著的变化。为了使励磁绕组不引起大的损耗和电压降，励磁绕组的电阻越小越好，所以串励式直流电机通常用较粗的导线绕成，它的匝数较少。

串励式直流电机在低速运行时，能给电动汽车提供足够大的转矩，而在高速运行时，电机电枢中的反电动势增大，与电枢串联的励磁绕组中的励磁电流减小，电机高速运行时的弱磁调速功能易于实现，因此串励式直流电机驱动系统较符合电动汽车的特性要求。但串励式直流电机由低速到高速运行时弱磁调速特性不理想，随着电动汽车行驶速度的加快，驱动电机输出转矩快速减小，不能满足电动汽车高速行驶时由于风阻大而需要输出较大转矩的要求。串励式直流电机运行效率低；在实现电动汽车的再生制动时，由于没有稳定的励磁磁场，再生制动的稳定性差；再生制动需要加接触器切换，这使得驱动电机控制系统的故障率较高，可靠性较差。另外，串励式直流电机的励磁绕组损耗大，体积和重量也较大。

D 复励式直流电机。复励式直流电机有并励和串励两个励磁绕组，电机的磁通由两个绕组内的励磁电流产生。若串励绕组产生的磁通势与并励绕组产生的磁通势方向相同，称为积复励。若两个磁通势方向相反，则称为差复励。

复励式直流电机的永磁励磁部分采用高磁性材料钕铁硼，运行效率高。由于电机永磁励磁部分有稳定的磁场，因此用该类电机构成驱动系统时易实现再生制动功能。同时由于电机增加了增磁绕组，通过控制励磁绕组的励磁电流或励磁磁场的大小，能克服纯永磁他励式直流电机不能产生足够的输出转矩的问题，可以满足电动汽车低速或爬坡时的大转矩要求，而电机的重量和体积比串励式直流电机小。

电动汽车所使用的直流电机主要有他励式直流电机（包括永磁式直流电机）、串励式直流电机和复励式直流电机 3 种类型。

小功率（100 W ～ 10 kW）的直流电机采用的是小型高效的永磁式直流电机，可以应用在小型、低速的搬运设备上，如电动自行车、休闲用电动汽车、高尔夫球车、电动叉车。

中等功率（10 ～ 100 kW）的直流电机采用他励、复励或串励式，可以用于结构简单、转矩要求较大的电动货车上。

大功率（＞ 100 kW）的直流电机采用串励式，可用在要求低速、大转矩的专用电动车上，如矿石搬运电动车、玻璃电动搬运车。

②直流电机的结构

直流电机由定子与转子两大部分构成，定子和转子之间的间隙称为气隙。

A 定子部分。直流电机定子主要由主磁极、机座、换向极和电刷装置等组成。

主磁极的作用是建立主磁场，它由主极铁芯和套装在铁芯上的励磁绕组构成。主极铁芯一般由 1 ～ 1.5 mm 的低碳钢板冲压成一定形状后叠装固定而成，是主磁路的一部分。励磁绕组用扁铜线或圆铜线绕制而成，产生励磁磁动势。

机座用铸钢或厚钢板焊接而成，它既是主磁路的一部分，又是电机的结构框架。

换向极的作用是改善直流电机的换向情况，使直流电机运行时不产生有害的火花。它由换向极铁芯和套装在铁芯上的换向极绕组构成。

电刷装置由电刷、刷握、刷杆、汇流排等组成，用于电枢电路的引入或引出。

B 转子部分。转子部分包括电枢铁芯、电枢绕组、换向器等。

电枢铁芯既是主磁路的组成部分，又是电枢绕组的支撑部分，电枢绕组嵌放在电枢铁芯的槽内。电枢铁芯一般用 0.55 mm 的硅钢冲片叠压而成。

电枢绕组由扁铜线或圆铜线按一定规律绕制而成，它是直流电机的电路部分，也是产生电动势和电磁转矩进行机电能量转换的部分。

换向器由冷拉梯形铜排和绝缘材料等构成，用于电枢电流的换向。

③直流电机的控制

直流电机转速控制方法主要有电枢调压控制、磁场控制和电枢回路电阻控制。

A 电枢调压控制。电枢调压控制是指通过改变电枢的端电压来控制电机的转速。这种控制只适合电机基速以下的转速控制，它可保持电机的负载转矩不变，电机转速近似与电枢端电压成比例变化，所以称为恒转矩调速。直流电机采用电枢调压控制，可实现在较大范围内的连续平滑的速度控制，调速比一般可达 1：10，如果与磁场控制配合使用，调速比可达 1：30。电枢调压控制需要专用的可控直流电源，过去常用电动—发电机组，现在大、中容量的可控直流电源广泛采用晶闸管可控整流电源，小容量则采用电力晶体管的 PWM 控制电源，电动汽车用的直流电机常用斩波控制器作为电枢调压控制电源。

电枢调压控制的调速过程：当磁通保持不变时，减小电压，由于转速不立即发生变化，反电动势也暂时不变化，由于电枢电流减小，转矩也减小；如果阻转矩未变，则转速下降。随着转速的降低，反电动势减小，电枢电流和转矩随之增大，直到转矩与阻转矩再次平衡为止，但这时转速已经较原来减慢了。

B 磁场控制。磁场控制是指通过调节直流电机的励磁电流改变每极的磁通量，从而调节电机的转速，这种控制只适合电机基数以上的控制。当电枢电流不变时，具有恒功率调速特性。磁场控制效率高，但调速范围小，一般不超过 1：3，而且响应速度较慢。磁场控制可采用可变电阻器，也可采用可控整流电源作为励磁电源。

C 磁场控制的调速过程。当电压保持恒定时，减小磁通，由于机械惯性，转速不立即发生变化，于是反电动势减小，电枢电流随之增加。由于电枢电流增加的影响超过磁通减小的影响，所以转矩增加了。如果阻转矩未变，则转速上升。随着转速的升高，反电动势增大，电枢电流和转矩也随之减小，直到转矩和阻转矩再次平衡为止，但这时转速已经较原来加快了。

D 电枢回路电阻控制。电枢回路电阻控制是指当电机的励磁电流不变时，通过改变电枢回路电阻来调节电机的转速。这种控制方法的机械特性较软，而且电机运行不稳定，一般很少应用。小型串励电机常采用电枢回路电阻控制方式。

④无刷直流电机

无刷直流电机是用电子换向装置代替有刷直流电机的机械换向装置，保留了有刷直流电机宽阔而平滑的优良调速性能，克服了有刷直流电机机械换向带来的一系列缺点，体积小，重量轻，可做成各种形状，效率高，转矩高，精度高，数字式控制，是最理想的调速电机之一，在电动汽车上有着广泛的应用前景。

A 无刷直流电机的类型

无刷直流电机按照工作特性，可以分为具有直流电机特性的无刷直流电机和具有交流电机特性的无刷直流电机。

具有直流电机特性的无刷直流电机，反电动势波形和供电电流波形都是矩形波，所以又称为矩形波同步电机。这类电机由直流电源供电，借助位置传感器来检测主转子的位置，由所检测出的信号去触发相应的电子换向线路以实现无接触式换向。显然，这种无刷直流电机具有有刷直流电机的各种运行特性。

具有交流电机特性的无刷直流电机，反电动势波形和供电电流波形都是正弦波，所以又称为正弦波同步电机。这类电机也由直流电源供电，但通过逆变器将直流电变换成交流电，然后去驱动一般的同步电机。因此，它们具有同步电机的各种运行特性。

下面介绍的无刷直流电机主要是指具有直流电机特性的无刷直流电机。

B 无刷直流电机的结构

无刷直流电机主要由电机本体、电子换向器和转子位置传感器三部分组成。

a 电机本体。无刷直流电机的电机本体由定子和转子两部分组成。

定子是电机本体的静止部分，它由导磁的定子铁芯、导电的电枢绕组及固定铁芯和绕组用的一些零部件、绝缘材料、引出部分等组成，如机壳、绝缘片、槽楔、引出线及环氧树脂等。

转子是电机本体的转动部分，是产生励磁磁场的部件，由永磁体、导磁体和支撑零部件组成。

b 电子换向器。电子换向器由功率变换电路和控制电路构成，主要用来控制定子各绕组通电的顺序和时间。无刷直流电机本质上是自控同步电机，电机转子跟随定子旋转磁场运动，因此，应按一定的顺序给定子各相绕组轮流通电，使其产生旋转的定子磁场。无刷直流电机的三相绕组中通过的电流是 120° 电角度的方波，绕组在持续通过恒定电流的时间内产生的定子磁场在空间上是静止不动的。而在开关换向期间，随着电流从一相转移到另一相，定子磁场随之跳跃了一个电角度。而转子磁场则随着转子连续旋转。这两个磁场的瞬时速度不同，但是平均速度相等，因此能保持“同步”。无刷直流电机由于采用了自控式逆变器即电子换向器，电机输入电流的频率和电机转速始终保持同步，电机和逆变器不会产生震荡和失步，这也是无刷直流电机的优点之一。

一般来说，对电子换向器的基本要求是结构简单，运行稳定可靠，体积小，重量轻，功耗小，能按照位置传感器的信号进行正确换向，并能控制电机的正反转，应能长期满足不同环境条件的要求。

c 转子位置传感器。转子位置传感器在无刷直流电机中起着检测转子磁极位置的作用，为功率开关电路提供正确的换向信息，即将转子磁极的位置信号转换成电信号，经位置信号处理电路处理后控制定子绕组换向。由于功率开关的导通顺序与转子转角同步，因而位置传感器与功率开关起着与传统有刷直流电机的机械换向器和电刷相似的作用。位置传感器的种类比较多，可分为电磁式位置传感器、光电式位置传感器、磁敏式位置传感器等。电磁式位置传感器具有输出信号强、工作可靠、寿命长等优点，但其体积比较大，信噪比较低且输出的是交流信号，需整流滤波后才能使用。光电式位置传感器性能比较稳定，体积小，重量轻，但对环境要求较高。磁敏式位置传感器的基本原理为霍尔效应和磁阻效用，它对环境的适应性很强，成本低廉，但精度不高。

C 无刷直流电机的工作原理

无刷直流电机的工作原理与有刷直流电机的工作原理基本相同。它是利用电机转子位置传感器输出信号控制电子换向线路去驱动逆变器的功率开关器件，使电枢绕组依次馈电，从而在定子上产生跳跃式的旋转磁场，拖动电机转子旋转。同时，随着电机转子的转动，转子位置传感器又不断送出位置信号，以不断改变电枢绕组的通电状态，使某一磁极下的导体中的电流方向保持不变，这样电机就旋转起来。

D 无刷直流电机的控制

按照获取转子位置信息的方法划分，无刷直流电机的控制方法可以分为有位置传感器控制和无位置传感器控制两种。

有位置传感器控制方法是指在无刷直流电机定子上安装位置传感器来检测转子在旋转过程中的位置，将转子磁极的位置信号转换成电信号，为电子换向电路提供正确的换向信息，以此控制电子换向电路中的功率开关管的开关状态，保证电机各相按顺序导通，在空间中形成跳跃式的旋转磁场，驱动永磁转子连续不断地旋转。

无刷直流电机的无位置传感器控制，无须安装传感器，使用场合广，相对于有位置传感器方法有较大的优势，因此无刷直流电机的无位置传感器控制近年来成为研究的热点。无刷直流电机的无位置传感器控制中，不直接使用转子位置传感器，但在电机运转过程中，仍然需要转子的位置信号，以控制电机换向。因此，如何通过软、硬件间接获得可靠的转子的位置信号，是无刷直流电机无位置传感器控制的关键。为此，国内外的研究人员在这方面做了大量的研究工作，提出了多种转子位置信号的检测方法，大多是利用检测定子电压、电流等容易获取的物理量实现转子位置的估算。归纳起来，检测方法主要有反电动势法、电感法、状态观测器法、电机方程计算法、人工神经网络法等。

E 无刷直流电机的应用实例

搭载无刷直流电机的纯电动桶装垃圾运输车适用于城市道路、居民小区、公园、车站等带有垃圾桶的场所垃圾收集作业。垃圾收入垃圾桶后，通过本产品对垃圾桶进行置换与转运作业。该车搭载了大容量磷酸铁锂电池、无刷直流电机，电机额定电压为 72 V，额定功率为 7 kW；电池组容量为 180 A·h；最高车速为 50 km/h，最大爬坡度为 15%，满载续驶里程大于 120 km。

（3）异步电机

异步电机又称感应电机，是由气隙旋转磁场与转子绕组感应电流相互作用产生电磁转矩，从而实现电能量转换为机械能量的一种交流电机。

异步电机的种类很多，最常见的分类方法是按转子结构和定子绕组相数分类，按照转子结构来分，有笼型异步电机和绕线型异步电机；按照定子绕组相数来分，有单相异步电机、两相异步电机和三相异步电机。异步电机是各类电机中应用最广、需求量最大的一种。电动汽车主要使用三相笼型异步电机。下面介绍的异步电机就是三相笼型异步电机。

A 异步电机的结构

异步电机主要由静止的定子和旋转的转子两大部分组成，定子和转子之间存在气隙，此外，还有端盖、轴承、机座和风扇等部件。

a 定子。异步电机的定子由定子铁芯、定子绕组和机座构成。

定子铁芯是电机磁路的一部分，其上放置有定子绕组。定子铁芯一般由 0.35 ~ 0.5 mm 厚、表面具有绝缘层的硅钢片冲制、叠压而成，铁芯的内圆冲有均匀分布的槽，用以嵌放定子绕组。定子铁芯的槽型有半闭口型槽、半开口型槽和开口型槽三种。

定子绕组是电机的电路部分，通入三相交流电，产生旋转磁场。定子绕组由三个在空间互隔 120° 电角度、对称排列的结构完全相同的绕组连接而成，这些绕组的各个线圈按一定规律分别嵌放在铁芯槽内。

机座主要用于固定定子铁芯与前后端盖，以支撑转子，并起防护、散热等作用。机座通常为铸铁件，大型异步电机机座一般用钢板焊成，微型电机的机座采用铸铝件。封闭式电机的机座外面有散热筋以增加散热面积，防护式电机的机座两端端盖开有通风孔，使电机内外的空气可直接对流，以利于散热。为了实现轻量化，很多机座开始采用铸铝件。

b 转子。异步电机的转子由转子铁芯、转子绕组和转轴组成。

转子铁芯也是电机磁路的一部分，并在铁芯槽内放置转子绕组。转子铁芯所用材料与定子一样，由 0.5 mm 厚的硅钢片冲制、叠压而成，硅钢片外圆冲有均匀分布的孔，用来安置转子绕组。通常用定子铁芯冲落后的硅钢片内圆来冲制转子铁芯。一般小型异步电机的转子铁芯直接压装在转轴上，大、中型异步电机（转子直径在 300 ~ 400 mm 之间）的转子铁芯则借助转子支架压在转轴上。

转子绕组是转子的电路部分，它的作用是切割定子旋转磁场产生感应电动势及电流，并形成电磁转矩而使电机旋转。转子绕组分为笼式转子和绕线式转子。

转轴用于固定和支撑转子铁芯，并输出机械功率。转轴一般由中碳钢材料制作而成。

异步电机定子与转子之间有一个小的间隙，称为电机气隙。气隙的大小对异步电机的运行性能有很大影响。中、小型异步电机的气隙一般为 0.2 ~ 2 mm；功率越大，转速越高，气隙长度越大。

B 异步电机的工作原理

当异步电机的三相定子绕组通入三相交流电后，将产生一个旋转磁场，该旋转磁场切割转子绕组，从而在转子绕组中产生感应电动势，电动势的方向由右手定则来确定。

由于转子绕组是闭合通路，转子中便有电流产生，电流方向与电动势方向相同，而载流的转子导体在定子旋转磁场的作用下将产生电磁力，电磁力的方向可用左手定则确定。由电磁力进而产生电磁转矩，驱动电机旋转，并且电机旋转方向与旋转磁场方向相同。

异步电机的转子转速不等于定子旋转磁场的同步转速，这是异步电机的主要特点。

如果电机转子轴上带有机械负载，负载就被电磁转矩拖动而旋转。当负载发生变化时，转子转速也随之发生变化，使转子导体中的电动势、电流和电磁转矩发生相应变化，以适应负载需要。因此，异步电机的转速是随负载变化而变化的。

异步电机的转子转速与定子旋转磁场的同步转速之间存在转速差，它的大小决定着转子电动势及其频率的大小，直接影响异步电机的工作状态。通常，转速差与同步转速的比值，用转差率表示。

（三）纯电动车的优、缺点

1. 环境污染小

这是电动汽车最突出的优点。电动汽车使用过程中不会产生废气，不存在大气污染的问题。因为电力来源是多样化的，许多能源如水能、风能、太阳能、潮汐能、核能都可以高效地转化为电能，也就是说使用电动汽车可避免绝大部分空气污染。此外，如果避开用电高峰而在夜间充电，那还可以进一步减少能源的浪费。

2. 无噪音，噪声低

这是电动汽车最直观的特点。与燃油车相比，电动汽车在这方面有绝对的优势。它在行驶运行中基本无噪声，特别适合在需要降低噪声污染的城市道路上行驶。

3. 高效率

这是电动汽车能源利用方面最显著的特点。在城市道路上，车辆较多，而且经常遇到红绿灯，车辆必须不断地停车和启动。对于传统燃油汽车而言，这不仅意味着消耗大量能源，也意味着排出更多汽车尾气。而电动汽车减速停车时，可以将车辆的动能通过磁电效应"再生"地转化为电能并将电能贮存在蓄电池或其他储能器中。这样在停车时，电机就不会空转，可以大大提高能源的使用效率，减少空气污染。

4. 结构简单，使用维修方便，经久耐用

这是电动汽车运行成本方面的最大亮点。与传统燃油汽车相比，电动汽车容易操纵、结构简单，运转传动部件相对较少，无须更换机油、油泵、消声装置等，也无须添加冷却水。维修保养工作量少。如果有好的蓄电池，它的使用寿命甚至比燃油车长。

5. 使用范围广，不受所处环境影响

这是电动汽车另一优势所在。在特殊场合，比如不通风、低温场所，或者高海拔缺氧的地方，内燃机车要么不能工作，要么效率降低，而电动车则完全不受影响。

纯电动汽车与内燃机汽车相比，具有以下缺点：

（1）续驶里程较短。目前电动汽车尚不如内燃机汽车技术完善，尤其是动力蓄电池的寿命短，使用成本高，储能量小，一次充电后续驶里程较短。

（2）成本高。目前，纯电动汽车主要采用锂离子蓄电池，成本较高。

（3）安全性。锂离子蓄电池的安全性有待进一步提高。

（4）配套不完善。电动汽车的使用还远不如内燃机汽车使用方便，还要加大配套基础设施的建设。

随着电动汽车技术的突破，特别是动力蓄电池容量和循环寿命的提高，以及价格的降低，电动汽车一定会得到大的发展。

四、燃料电池汽车

（一）概念

汽车工业的迅速发展推动了全球机械、能源等工业的进步以及经济、交通等方面的发展。但是，汽车在造福人类的同时，也带来了很大的弊端。内燃机汽车造成的污染日益严重，尾气、噪声和热岛效应对环境造成的破坏，已经到了必须加以控制和治理的程度，一些人口稠密、交通拥挤的大、中城市情况更严重。例如上海市，1995 年，市中心城区内机动车的 CO、HC、NO 排污负荷分别占该区域内相应排放总量的 76%、93% 和 44%；2010 年，机动车排污负荷将进一步上升到 94%、98% 和 75%。而且，内燃机汽车是以燃烧油料、天然气等宝贵的资源为动力，而这些资源是重要的、不可再生的化工原料，作为燃料直接烧掉是极大的浪费。按照目前的消耗速度，石油、天然气等资源仅仅能再维持数十年的时间。显然，内燃机汽车造成的环境污染以及对资源的消耗，极大地威胁着人类的健康与生存。随着保护环境、节约能源的呼声的日益高涨，新一代电动车作为无污染、能源可多样化配置的新型交通工具，引起了人们的普遍关注并得到了极大的发展。电动车以电力驱动，行驶时无排放（或低排放）、噪声少，能量转化效率比内燃机汽车高得多。同时，电动汽车还具有结构简单（可以直接利用电子技术实现传动、显示和控制）、运行费用低等优点，安全性也优于内燃机汽车。

电动车的发明可以追溯到 1834 年，距今已有 100 多年历史，在其开发应用过程中，曾经于 19 世纪末在欧美等地区达到一个高潮。但后来由于内燃机汽车有了突破性进展，而电动车始终没有解决电池的比容量、功率及寿命等方面的问题，性能远不及内燃机汽车，最后内燃机汽车垄断了市场。进入 20 世纪 80 年代后，节能与环保问题成为世界各国关注的主要社会问题，电动车项目已经成为许多国家和十大汽车公司的重要发展项目，电动车的研究进入了一个新的发展时期。

新一代电动车是一种综合性的高科技产品，其关键技术包括高度可靠的动力驱动系统、电子技术、新型轻质材料、电池技术、整车优化设计与匹配的系统集成技术等。由于受到每一种单元技术的制约以及人们对这种新生事物的重视程度不够，尽管研制电动车的意义重大，项目开展也经历了数十年，但现在世界上真正能上路行驶的电动车还是寥寥无几。目前，电动车存在的主要问题在于价格、续驶里程、动力性能等方面，而这些问题都与电源技术密切相关。如燃油汽车加一次油行驶距离可达 500 km 左右，而电动汽车充一次电行驶距离一般不会超过 200 km。因此，电动车实用化的难点仍然在于电源技术，特别是电池（化学电源）技术。电动车用动力蓄电池与一般启动用蓄电池不同，它以较长时间的中等电流持续放电为主，以间断大电流放电（用于启动、加速或爬坡）为辅。电动车对电池的基本要求可以归纳为下几点：

1. 能量密度高（质量比能量高、体积比能量高）；

2. 功率密度高（质量比功率高、体积比功率高）；

3. 循环寿命较长；

4. 充、放电性能较好（快速充、放电性能好，抗过充、过放能力好）；

5. 电池一致性较好；

6. 价格较低；

7. 使用维护方便。

其他性能较好，如安全性能（发生交通事故时的安全性）较好、无环境污染问题（电池生产、使用、报废回收的过程中不能对环境产生不良影响）。

因此，根据电动车对电池的几点基本要求可以看出，技术成熟的铅酸电池、金属氢化物镍电池、镉镍电池或锂离子电池等已明显不能适应新一代电动车的要求。虽然其续驶里程已基本能满足市区通行的要求，技术已经逐渐成熟并开始商品化，但是尚不能得到大规模应用，主要的制约因素在于电池本身。首先，有限的贮能不能满足长距离行驶的需要；其次，电池充电时间较长；再次，社会缺乏配套的充电基础设备，使用不便；最后，生产、销售量不大，可能造成二次污染。不能形成规模效应，使得电动汽车造价较高。虽然各家汽车制造厂商用了各种补救措施，如混合动力车，混合动力车虽然续驶里程长，但是仍不能做到二氧化碳零排放。因此，一些汽车制造厂商致力于第三类电动车——燃料电池电动车的开发研制。燃料电池和普通的化学电源有很大不同，它实际是一个电化学反应器：燃料不断输入，电能不断输出。其副产物一般是水和二氧化碳。它没有运动的机械部件，工作时很安静；它没有原理上的热机效率的理论限制，实际效率可达 50% ~ 70%，远高于内燃机，因此被公认为 21 世纪的理想的新型能源。

燃料电池（Fuel cell）是一种主要通过氧或其他氧化剂进行氧化还原反应，把燃料中的化学能转换成电能的电池。而最常见的燃料是氢，一些碳氢化合物如天然气（甲烷）有时亦会做燃料使用。燃料电池有别于原电池，因为需要稳定的氧和燃料来源，以确保其运作供电。燃料电池的化学反应过程不会产生有害产物，因此燃料电池汽车也是无污染汽车。从能源的利用和环境保护方面来看，燃料电池汽车是一种理想的车辆。

（二）目前的情况

虽然目前还没有可供商业销售的燃料电池车，但是自 2009 年以来我国已发布超过 20 款氢燃料电池电动汽车（FCEVs）的原型车和示范车。在北京奥运会上，有 20 辆氢燃料电池车被投入运行。一些专家认为，燃料电池汽车永远不会被大规模使用，因为与其他技术相比，其成本过高，安全性不够。

1838 年，Schoenbein 发现燃料电池的工作原理，其真正的实用化则要追溯到 20 世纪 60 年代。当时，燃料电池应用在航天领域。20 世纪 80 年代起，在环保、节能等全球议题下，美国、日本、加拿大、韩国及西欧各国多达数百家公司及研究机构积极投入，开始进入民用市场的研究开发。到了 20 世纪末，几乎每个月都有新专利产生。在商业应用上，主要问题是成本过高，未来将不断改进关键材料与组件技术，量产技术成熟后，成本将迅速下降从而达到商业化的目的。

（三）燃料电池汽车的工作原理

燃料电池汽车的工作原理是，使作为燃料的氢气在汽车搭载的燃料电池中，与大气中的氧气发生化学反应，从而产生电能启动电动机，进而驱动汽车。甲醇、天然气和汽油也可以代替氢气，不过会产生少量的二氧化碳和氮氧化合物。因此，燃料电池汽车被称为"地道的环保车"。

燃料电池汽车的燃料电池的基本元件是两个电极夹着一层高分子薄膜作为电解质。阴、阳两极，除碳粉外还有白金粉末，便于加快氧化反应。

独立的燃料电池堆是不能应用于汽车的，它必须和燃料供给与燃料循环系统、氧化剂供给系统、水/热管理系统和一个能控制各种开关和泵的控制系统组成燃料电池发动机才对外输出功率，燃料供给和循环系统在提供燃料的同时回收阳极尾气中未反应的燃料。目前最成熟的技术是以纯氢为燃料，系统结构相对简单，仅由氢源、减压阀和循环回路组成。

具体的过程如下：

1. 阳极

氢分子气体输入被制成多孔结构的阳极板，传到阴极后，在催化下分解反应：

$$H2 \rightarrow 2H++2e-$$

电子由阳极导向外接电路，形成电流。而氢离子也由阳极端，透过可导离子性质（电子绝缘体）的高分子薄膜电解质，抵达阴极。

2. 阴极

空气输入阴极，氧气分子质传到阴极，与电子及氢离子起电化学反应，产生水及 1.229

伏特的电压。反应如下：

$$O_2 + 4H^+ + 4e^- \rightarrow 2H_2O$$

3. 燃料电池的基本组成

燃料电池的主要构成组件为电极、电解质隔膜与集电器等。

（1）电极

燃料电池的电极是燃料发生氧化反应，与还原剂发生还原反应的电化学反应场所，其性能的好坏关键在于触媒的性能、电极的材料与电极的制程等。

电极主要分为两部分，一为阳极，二为阴极，厚度一般为 200～500 mm。其结构与一般电池的平板电极的不同之处在于燃料电池的电极为多孔结构，设计成多孔结构的主要原因是燃料电池所使用的燃料及氧化剂大多为气体（如氧气、氢气等）。而气体在电解质中的溶解度并不高，为了提高燃料电池的实际工作电流密度，降低极化作用，故设计出多孔结构的电极，以增加参与反应的电极的表面积，这也是燃料电池当初之所以能从理论研究阶段步入实用化阶段的关键原因之一。

目前的高温燃料电池的电极主要以触媒材料制成，例如固态氧化物燃料电池（简称SOFC）的 Y2O3-stabilized-ZrO（2 简称 YSZ）及熔融碳酸盐燃料电池（简称 MCFC）的氧化镍电极。低温燃料电池则主要是由气体扩散层支撑的一层薄的触媒材料构成，例如磷酸燃料电池（简称 PAFC）与质子交换膜燃料电池（简称 PEMFC）的白金电极。

（2）电解质隔膜

电解质隔膜的主要功能是分隔氧化剂与还原剂，并传导离子，故电解质隔膜越薄越好，但也需顾及强度，就现阶段的技术而言，其一般厚度在数十毫米至数百毫米之间；至于材质，目前主要朝两个发展方向，一是先以石棉膜、碳化硅膜、铝酸锂膜等绝缘材料制成多孔隔膜，再浸入熔融锂—钾碳酸盐、氢氧化钾与磷酸中，使其附着在隔膜孔内；二是采用全氟磺酸树脂（如 PEMFC）及 YSZ（如 SOFC）。

（3）集电器

集电器又称作双极板，具有收集电流、分隔氧化剂与还原剂、疏导反应气体等作用。集电器的性能主要取决于其材料特性、流场设计及其加工技术。

燃料电池电动汽车的主要电机有：永磁电机、无刷直流电动机、开关磁阻电机、特种电机。

4. 燃料电池的分类

燃料电池主要分为以下几种：

（1）质子交换膜燃料电池

该电池的电解质为离子交换膜，薄膜的表面涂有可以加速反应的催化剂（如白金），其两侧分别供应氢气及氧气。由于此类电池的唯一液体是水，因此腐蚀性很小，且操作温度介于80 ℃～100 ℃之间，安全上的顾虑较少；其缺点是作为催化剂的白金价格昂贵。

这种电池是轻型汽车和家庭应用的理想电力能源，可以替代充电电池。

（2）碱性燃料电池

碱性燃料电池的设计与质子交换膜燃料电池的设计基本相似，其电解质是稳定的氢氧化钾基质。此类电池操作时所需温度并不高，转换效率好，可使用的催化剂种类多且价格便宜，例如银、镍，但无法成为主要开发对象，原因在于电解质必须是液态，燃料必须是高纯度的氢。目前，这种电池对于商业化应用来说价格过于昂贵，其主要为空间研究服务，如为航天飞机提供动力。

（3）磷酸型燃料电池

因其使用的电解质为100%浓度的磷酸而得名。操作温度在150 ℃～220 ℃之间，因温度高所以废热可回收再利用。其催化剂为白金，因此同样面临白金价格昂贵的问题。目前，该种燃料电池大都用在大型发电机组上，而且已商业化生产，成本偏高是其未能迅速普及的主要原因。

（4）熔融碳酸盐燃料电池

其电解质为碳酸锂或碳酸钾等碱性碳酸盐。在电极方面，无论是燃料电极还是空气电极，都使用具有透气性的多孔质镍。操作温度为600 ℃～700 ℃，因温度相当高，常温下呈现白色固体状的碳酸盐熔解为透明液体。此种燃料电池不需要贵金属当催化剂。因为操作温度高，废热可回收再利用，其发电效率高达75%～80%，适用于中央集中型发电厂，目前在日本和意大利已有应用。

（5）固态氧化物燃料电池

其电解质为氧化锆，因含有少量的氧化钙与氧化钇，因此稳定性较好，不需要催化剂。一般而言，此种燃料电池操作温度约为1000 ℃，废热可回收再利用。固态氧化物燃料电池对目前所有燃料电池都有的硫污染具有最大的耐受性。由于使用固态的电解质，这种电池比熔融碳酸盐燃料电池更稳定。其效率为60%左右，可供工业界用来发电和取暖，同时具有为车辆提供备用动力的潜力。缺点是生产这种电池的耐高温材料价格昂贵。

（6）直接甲醇燃料电池

直接甲醇燃料电池是质子交换膜燃料电池的一种变种，它直接使用甲醇在阳极转换成二氧化碳和氢气，然后如同标准的质子交换膜燃料电池一样，氢气再与氧气反应。这种电池的工作温度为120 ℃，比标准的质子交换膜燃料电池略高，其效率在40%左右。该技术仍处于研发阶段，但已用作移动电话和笔记本电脑的电源。其缺点是当甲醇低温转换为氢气和二氧化碳时要比常规质子交换膜燃料电池需要更多的催化剂。

（7）再生型燃料电池

再生型燃料电池的概念相对较新，但全球已有许多研究小组正在从事这方面的工作。这种电池构建了一个封闭的系统，不需要外部生成氢气，而是将燃料电池中生成的水送回到以太阳能为动力的电解池中分解成氢气和氧气，然后将其送回燃料电池。目前，这种电池的商业化开发仍有许多问题尚待解决，例如成本、太阳能利用的稳定性等。美国航空航天局（NASA）正在致力于这种电池的研发。

（8）锌空燃料电池

利用锌和空气在电解质中的化学反应产生电。锌空燃料电池的最大好处是能量高。与其他燃料电池相比，同样重量的锌空电池可以运行更长时间。另外，地球上丰富的锌资源使锌空电池的原材料很便宜。它可用于电动汽车、消费电子和军事领域，前景广阔。目前，Metallic Power 和 Power Zinc 公司正在致力于锌空燃料电池的研究和商业化。

（9）质子陶瓷燃料电池

这种新型燃料电池的机理是：在高温下陶瓷电解材料具有很高的质子导电率。

（10）质子交换膜燃料电池

质子交换膜燃料电池以全氟磺酸质子交换膜作为电解质，简化了水和电解质管理。这种电池具有高功率密度、高能量转换效率、低温启动、环境友好等优点，所以是新一代电动汽车的电能来源。

①质子交换膜燃料电池的发展历史

质子交换膜燃料电池起源于 20 世纪 60 年代初美国的 GE 公司为 NASA 研制的空间电源，双子星座宇宙飞船采用 1 kW 的质子交换膜燃料电池作为辅助电源，尽管质子交换膜燃料电池的性能表现良好，但是由于该项技术当时处于起步阶段，仍存在许多问题，如功率密度较低；聚苯乙烯磺酸膜的稳定性较差，寿命仅为 500 h 左右；铂催化剂用量太高等。因此，在之后的 Apollo 计划等空间应用中，NASA 选用了当时技术比较成熟的碱性燃料电池，这使得质子交换膜燃料电池技术的研究开发工作一度处于低谷。

1962 年，美国杜邦公司开发出性能优良的新型全氟磺酸膜，即 Nafim 系列产品，1965 年，GE 公司将其用于质子交换膜燃料电池，使电池寿命大幅度延长。但是由于铂催化剂用量太高，全氟磺酸型膜价格昂贵以及电池必须采用纯氧气作为氧化剂，使得质子交换膜燃料电池的开发长时间以军用为目的，限制了该项技术的广泛应用。

进入 20 世纪 80 年代以后，以军事应用为目的的研制与开发，使得质子交换膜燃料电池技术取得了长足的发展。以美国、加拿大和德国为首的发达国家纷纷投入巨资开展质子交换膜燃料电池技术的研究开发工作，使得质子交换膜燃料电池技术日趋成熟。

20 世纪 90 年代初期，特别是近几年，随着人们对日趋严重的环境污染问题认识的加深，质子交换膜燃料电池技术的开发逐渐从军用转向民用，被认为是第四代发电技术和汽车内燃机的最有希望的替代者。

②质子交换膜

质子交换膜是质子交换膜燃料电池的核心部件。作为一种厚度仅为 50 ~ 180 μm 的极薄膜片，质子交换膜是电池电解质和电极活性物质（催化剂）的基底。其主要功能是在一定的温度和湿度条件下，具有选择透过性，即只容许氢离子或质子（质子是一种

带 $1.6 \times 10\text{-}19$ 库仑正电荷的次原子粒子，质量是 938 百万电子伏特，即 $1.6726231 \times 10\text{-}27$ kg，大约是电子质量的 1836.5 倍。质子属于重子类，由两个顶夸克和一个底夸克通过胶子在强相互作用下构成）透过，而不容许氢分子及其他离子透过。它同时具有适度的含水率，对电池工作过程中的氧化、还原和水解反应具有稳定性。质子交换膜具有足够高的机械强度和结构强度，以及膜表面适合与催化剂结合等性能。

目前，应用最多的质子交换膜是美国杜邦公司的全氟磺酸型膜。另外，美国的 Dow 化学公司、日本的 Asahi 公司，以及加拿大的 Ballard Power Systems 公司也宣布研制出新的质子交换膜。但目前并未公开投放市场。

当前市场上的质子交换膜的价格还相当昂贵，美国杜邦公司生产的全氟磺酸型膜的价格是每平方米 800 美元。加拿大 Ballard Power Systems 公司宣布其研制的质子交换膜的目标价格是每平方米 110 ~ 150 加元。但是，何时能达到这一目标还是个未知数。质子交换膜的价格是制约 PEM 燃料电池发展和推广应用的重大障碍之一。

③催化剂

质子交换膜燃料电池阳极反应是氢气的氧化反应，阴极是氧气的还原反应。为了加快电化学反应的速度，阴极和阳极的气体扩散电极上都含有一定量的催化剂。目前主要采用贵金属 Pt 作为电催化剂，它对于两个电极反应均具有催化活性，而且可以长期稳定工作。由于 Pt 价格昂贵、资源匮乏，因此质子交换膜燃料电池的成本居高不下，这限制了它的大规模应用。

5. 燃料电池汽车的优点

燃料电池的特点是高效率、低噪音、低污染等。其将燃料中的化学能"直接"转换成电能的做功原理，不同于一般的发电机。一般的发电机将化学能（或辐射能）转换成热能之后，再转换成动能推动发电机产生电力等需要经过多重能量转换，因此转换效率上限不受"卡诺循环（Carnot cycle）"的限制，所以转换效率可以很高。燃料电池若依操作温度区分，可分类为低温燃料电池（160 ℃ ~ 220 ℃）、中温燃料电池（200 ℃ ~ 750 ℃）及高温燃料电池（750 ℃ ~ 1000 ℃）三大类。一般而言，燃料电池的操作温度不同，其所使用的燃料、触媒及氧化剂也不同。

燃料电池汽车的优点有：①尾气零排放或近似零排放；②减少了机油泄漏带来的水污染；③降低了温室气体的排放；④提高了燃油经济性；⑤提高了发动机燃烧效率；⑥运行平稳，无噪声。

第三节　新能源汽车的发展前景

政府对新能源汽车的支持有目共睹。据"十二五"规划，中国未来 5 年将投入超过 1000 亿元资金，扶持新能源汽车发展。根据《节能与新能源汽车产业发展规划》，2015 年，我国电动汽车累计销售达到 50 万辆，2020 年达到 500 万辆。但中国电动汽车市场启动缓慢，包括公交车和公用事业用车，2009—2011 年仅售出 1.3 万辆，1—9 月国内主要乘用车企业已销售新能源汽车 6982 辆。结合我国的实际，预计新能源汽车 2020 年将销售 300 万辆，相对于 2012 年 9000 多辆的水平，未来新能源汽车的销量将增加近 27 倍。

新能源汽车快速发展，能带动整个汽车产业技术升级，也是实施国家能源发展战略，建设资源节约型、环境友好型社会的重要举措之一。在当前我国汽车产业结构调整的关键时期，面对金融危机和国际市场普遍萧条的现状，新能源汽车产业的发展不仅有助于中国汽车产业加强自主创新，形成新的竞争优势，而且其潜在的巨大市场对于形成以内需为主导的经济发展模式也起到了举足轻重的作用。

一、我国新能源汽车发展有较好的基础

发展新能源汽车，是我国应对节能减排重大挑战的需要，同时也是汽车产业跨越式发展和提升国际竞争力的需要。我国传统汽车领域和国外相比还比较落后，但在新能源汽车方面，我们和发达国家站在同一个起跑线上，我们有机会在新能源汽车领域与西方发达国家在一个平衡的层面上创新。我国汽车工业以纯电驱动作为技术转型的主要战略方向，重点突破电池、电机和电控技术，推进纯电动汽车、插电式混合动力汽车产业化，实现汽车工业跨越式发展。到目前为止，共有 160 多款各类电动汽车进入我国汽车产品公告，建成 30 多个电动汽车国家重点实验室等国家级的技术创新平台，制定电动汽车相关标准 40 多项。目前，我国电动汽车整车已经进入规模化应用阶段，包括动力性、经济型、续驶里程、噪声等指标已经达到国际水平。目前，电动汽车主要用于城市公交，乘用车产品也越来越多。截至 2010 年年底，已建设各种类型充电站大约 100 座，充电桩 300 多个。

二、发展新能源汽车已成为世界各国的共识

目前，全球能源和环境系统面临巨大的挑战，汽车作为石油消耗和二氧化碳排放的大户，需要进行革命性的变革。目前全球新能源汽车发展已经形成了共识，从长期来看，包括纯电动、燃料电池技术在内的纯电驱动将是新能源汽车的主要技术方向；短期内，

油电混合、插电式混合动力将是重要的过渡路线。

三、2012 年以后将是电动车产业发展的高潮

事实上，自金融危机以来，经济和能源、环境压力重叠，某种程度上加速了汽车能源动力系统的电气化步伐。平心而论，全球各大汽车企业在主要的新能源汽车技术上，其实都有不少技术储备，这也是金融危机后，各个企业能够快速实现产品"转向"的根本原因。2012 年前后迎来了国际电动汽车产业化发展的一次高潮。电动汽车一旦取得市场突破，必将对国际汽车产业格局产生巨大而深远的影响，因此顺应国际汽车工业发展潮流，把握交通能源动力系统转型的战略机遇，坚持自主创新，动员各方面的力量，加快推动电动汽车产业发展，对抢占未来汽车产业竞争制高点、实现我国汽车工业由大变强和自主发展至关重要，也十分紧迫。

四、各国政府加大政策支持力度，加快电动汽车产业化

政府加大对消费者的政策激励，加快电动汽车的市场培育。各国政府实行不同政策已达到政策支持的目的。另外，政府通过加大信贷支持等措施，鼓励整车企业加快电动汽车产业化，如美国政府对电动汽车生产予以贷款资助。

五、电动汽车——未来真正的节能环保汽车解决方案

目前面临的主要问题如下：

（一）缺少行业统一标准

目前新能源汽车除了混合动力之外，纯电动车及其他代用燃料车尚无统一的行业标准。继续沿用传统的整车测试标准，已不能满足新能源汽车的要求，尤其是在动力系统集成及通信服务接口方面很难达到统一。

（二）政策补贴难以发放到位

财政部对新能源汽车的补贴预算为 50 亿元，并且按照当初的计划，如果补贴政策效果不错，还会增加预算。但从目前的销售情况来看，真正用于私人购买新能源汽车的财政补贴资金不到 1 亿元。

（三）基础配套设施不完善

充电不便等现实的问题制约着新能源汽车的发展。目前专业汽车充电站稀缺，而家庭用户又普遍没有安置电源的私人车库，小区里的私人停车位上也无家用电源。

（四）私家车充电桩建设困境

新能源车配备充电柜很不容易，需要与有关部门协调安装。

（五）政策出台缓慢

新能源政策不落实，企业不敢过多进行研发和投资，毕竟企业财力有限。业内人士认为，在新能源汽车的国家战略制定上，一些具体的细则和标准迟迟不能出台，是本土汽车厂商研发新能源汽车步伐迟缓的主要原因。

（六）技术突破尚需火候

新能源汽车在 2015 年之前不可能有真正的市场，只是一个示范市场，是一个产品不断改进的市场。据中国汽车技术研究中心技术专家分析，对于新能源汽车来说，电池技术是主要瓶颈，另外如何保证由电机系统组成的动力总成与整车匹配，也是亟待解决的技术问题，并且相关引导政策的缺位现象比较突出。

（七）产业链配套尚未形成体系

对于新能源汽车来说，供应商的地位将远比传统燃油车时代重要。电池、电机、电控三大电动车核心零部件，将会占电动车整车成本的 70% 以上，掌握核心技术的供应商无疑会在整个产业链中占据主导地位。

（八）各方利益关系需协调

除了现在经常强调的技术突破以及消费补贴外，迫切需要解决的问题其实是协调新能源汽车参与主体的利益关系。

新能源汽车的发展将继续延续下去，并将成为主流，汽车也将摆脱内燃机的驱动，改由电动机驱动。但目前电动车使用环境尚不成熟，个人消费市场的开拓始终艰难。而且，电动车技术看似吸引人，但在整体技术水平还参差不齐的环境下，未必是节能环保的最佳选择。因此，无论是成本方面还是技术攻关方面，电动车技术都还有一段路要走，混合动力始终绕不过，而天然气车仅是一种减少污染排放的选择，燃料电池也难以成为市场主流。

参考文献

[1] 王培红主编. 新能源 [M]. 江苏凤凰科学技术出版社，2019.12.

[2] 杨凤英主编；马国英副主编. 新能源汽车故障检修 [M]. 北京：机械工业出版社，2022.05.

[3] 赵国辉，程晶，李志会主编. 电力工程技术与新能源利用 [M]. 汕头：汕头大学出版社，2022.04.

[4] 多国华编著. 新能源汽车维修技能全图解 [M]. 北京：中国铁道出版社，2022.04.

[5] 陈劲，朱子钦作. 未来产业引领创新的战略布局 [M]. 北京：机械工业出版社，2022.03.

[6] 李强. 新能源系统储能原理与技术 [M]. 北京：机械工业出版社，2022.02.

[7] 刘雷. 新能源技术的发展及应用探讨 [J]. 越野世界，2022(7)：218-220.

[8] 王一帆. 新能源技术的开发应用 [J]. 速读 (中旬)，2019(2)：34.

[9] 袁凤. 新能源技术在汽车领域的应用与发展 [J]. 汽车测试报告，2022(16)：68-70.

[10] 李强. 基于低碳经济视角的新能源技术研究 [J]. 科技资讯，2022(14)：127-129.

[11] 夏宁. 建筑电气节能中光伏新能源技术的应用 [J]. 建材与装饰，2022(14)：18-20.

[12] 乐源，张贺. 低碳经济环境下新能源技术研究 [J]. 应用能源技术，2022(12)：43-46.

[13] 李亮林，夏赟. 新能源技术领域专业人才教育教学探讨 [J]. 太阳能学报，2022(4)：521-522.

[14] 黄碧. 循环经济视域下我国新能源技术的发展 [J]. 中文科技期刊数据库 (文摘版) 工程技术，2022(7)：109-111.

[15] 曾至冬. 光伏新能源技术在建筑电气节能中的运用 [J]. 国际援助，2021(35)：199-201.

[16] 苏南到. 新能源技术趋势及市场分析 [J]. 市场调查信息 (综合版)，2019(1)：33.

[17]E 技之长——2020 年新能源技术创新浅谈 [J]. 汽车之友，2021(1)：28-31.

[18] 何锁盈，高明，徐梦菲，苗佳雨.新能源技术课程国际化建设的探索与思考 [J]. 高教学刊，2021(1)：74-77.

[19] 陈勇.新能源技术的发展及应用探讨 [J].IT 经理世界，2022(8)：186-189.

[20] 李拓晨，石孖祎，韩冬日.新能源技术创新对中国区域全要素生态效率的影响 [J]. 系统工程，2022(5)：1-17.

[21] 张淑源，马明德.我国新能源技术的发展现状及未来展望 [J]. 中国科技纵横，2019(10)：3-4.

[22] 李艳.《新能源技术》教学改革与实践 [J]. 当代教育实践与教学研究 (电子刊)，2018(10)：769，803.

[23] 田强.关于汽车新能源技术的发展现状分析和趋势 [J]. 汽车博览，2020(3)：105.

[24] 李强.打造新能源技术产业生态圈 [J]. 新华月报，2021(12).

[25] 徐乐，赵领娣.重点产业政策的新能源技术创新效应研究 [J]. 资源科学，2019(1)：113-131.